U0019084

氣候變遷

亟待解決的人類共同問題

A Very Short Introduction, Fourth Edition

Climate Change

MARK MASLIN

馬克・馬斯林
著

趙睿音
譯

獻給克里斯・佩斯（Chris Pace, 1968-2006）、

尼克・薛克頓（Nick Shackleton, 1937-2006）

以及安・馬斯林（Anne Maslin,1943-2020），

不論問題是什麼，他們只想著解決辦法。

目錄

第四版序文 …… 4

第一章　氣候變遷是什麼？ …… 7
第二章　氣候變遷的歷史 …… 23
第三章　氣候變遷的證據 …… 45
第四章　建立未來氣候的模式 …… 71
第五章　氣候變遷的衝擊 …… 99
第六章　潛在的氣候隱憂 …… 135
第七章　氣候變遷的政治 …… 157
第八章　解決方法 …… 181
第九章　改變未來 …… 219

致謝 …… 232
延伸閱讀 …… 233

第四版序文

氣候變遷是二十一世紀四大關鍵難題之一，此外還有環境劣化、全球不平等及全球不安全。氣候變遷會持續增加地球氣溫，提高全球海平面，還會增加極端天氣事件發生的頻率，像是乾旱、熱浪、水災及暴風雨，危及上億人的健康與生計。這些氣候變遷衝擊的嚴重程度，取決於我們當下的作為，如何去減少溫室氣體排放。

過去三十年來，透過人類活動排放的二氧化碳加倍了，這代表世界各國領導人對於氣候危機的關注集體失敗。儘管二〇二〇年和二〇二一年受制於新冠肺炎疫情，氣候變遷的地緣政治格局仍有劇烈的轉變（圖 1）。二〇一九年六月時，英國國會修改二〇〇八年制定的《氣候變遷法》（2008 Climate Change Act），要求政府降低英國的溫室氣體排放，在二〇五〇年達到淨零。二〇二一年時，英國宣布期中目標，要在二〇三〇年減少 78% 的碳排放。歐盟執行委員會宣布，歐盟在二〇三〇年時，溫室氣體排放要比一九九〇年時至少減低 55%，而不只是六年前協議的減少 40%。對於歐盟預計要在二〇五〇年達到碳中和的重大承諾來說，這是一大步。二〇二〇年九月，中國總理習近平透過影片傳輸，向紐約聯合國大會宣布，中國的目標是在二〇三〇年之前碳達峰（peak emissions），緊接下來的長期目標是在二〇六〇年達到碳中和。中國是世界上最大的碳排放國，大約占全球排放量的 28%，至今仍未投入任何長期的排放目標。

圖 1　拉平曲線：新冠肺炎與氣候變遷比較。
（© Statistically Insignificant by Raf S.）

二〇二一年時，占全球排放量約15%的第二大碳排放國美國，重新投入參與氣候談判。川普總統（Donald Trump）在二〇二〇年時讓美國退出二〇一五年《巴黎協定》（Paris Agreement），拜登總統（Joseph Biden）帶領美國重新參與《巴黎協定》，成為強大的擁護者，投入國際共同行動，處理氣候變遷。二〇二一年時，美國宣布要在二〇三〇年減少50%的碳排放，並且承諾要在二〇五〇年達到碳淨零。拜登總統也恢復了川普總統取消的環保法規，提出重大政策，減少溫室氣體排放，同時大幅增加聯邦政府對於再生能源和美國綠色經濟的資助。數十年來，全球各國首度有望大幅減少溫室氣體排放，邁向更清潔、更環保、更安全、更健康及更永續的世界。

第一章
氣候變遷是什麼？

未來的氣候變遷是二十一世紀四大關鍵難題之一，另外還有全球不平等、環境劣化和全球不安全。問題在於，「氣候變遷」不再只是科學議題，還包含了經濟學、社會學、地緣政治、國家與地方政治、法律及健康等等。本章將檢視溫室氣體（GHGs）在過往全球氣候中扮演的調節角色，又為何從工業革命之後開始增加，如今被視為是危險的污染物。本章也將探討哪些國家產生最多由人類活動引起的溫室氣體，又是如何隨著快速的經濟成長而變化。這裡會介紹聯合國跨政府氣候變遷專家小組（Intergovernmental Panel on Climate Change，以下簡稱 IPCC），看看他們是如何定期整理、評估最新近的氣候變遷證據。

地球的天然溫室

地球的溫度取決於從太陽接收到的能量與向太空中逸散的能量之平衡。太陽能量包含了短波輻射（主要是可見的「光」和紫外線〔UV〕），幾乎全部都能夠不受干擾，穿透大氣層（詳見圖 2）。唯一的例外是有害的高能量紫外線，會被大氣層中的臭氧給吸收。大約有三分之一的太陽能會直接反射回太空，剩下的能量則由地球表面吸收。這些能量溫暖了土地與海洋，熱能以長波紅外線或「熱」輻射的形式散發。大氣層中的氣體像是水蒸氣、二氧化碳、甲烷和氧化亞氮，通稱為溫室氣體，因為這些氣體會吸收部分的長波輻射，讓大氣層暖化。大氣層中可以測量到這種效應，實驗室裡也能一再重現。少了天然的溫室效應，地球的溫度至少會降低攝氏 35 度，熱帶地區的平均溫度會變成攝氏負 10 度。工業革命

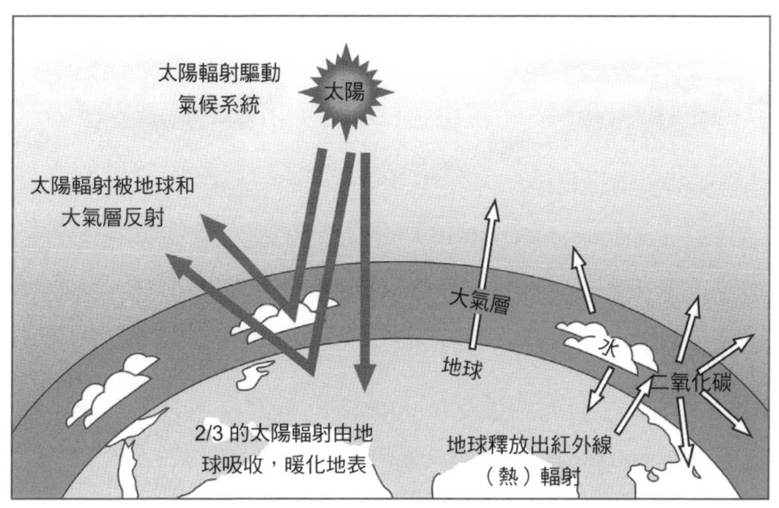

圖 2　溫室效應。溫室氣體保存了一部分的地球熱能，釋放之後，大氣層就會變暖。

以來，我們一直在燃燒化石燃料（石油、煤及天然氣），那是上億年前所沉積遺留下來的，我們把碳排放回大氣層中，包括二氧化碳和甲烷，增加了「溫室效應」，提高了地球的溫度。事實上，我們燃燒的是陽光的化石。

從前的氣候

透過各種關鍵存檔，包括海洋和湖泊的沉積物、冰芯、洞穴沉澱物質及樹木年輪等，我們已重建出地質過去的氣候變遷。種種紀錄顯示，過去 5,000 萬年來，地球氣候一直在冷卻，從始新世（Eocene）所謂的「溫室世界」（greenhouse world），環境暖而溫和，一直到今日的「冰屋世界」（ice house world），冷卻多了，變化也更多。從地質學上來說，我們的地球極度寒冷，這似乎很怪，因為這整本書都在討論地球的快速暖化。這是因為事實上，南極大陸和格陵蘭都有大塊冰層，北冰洋則有近乎永久的海冰，因此全球氣候對於溫室氣體的變化非常敏感。

地球的長期全球冷卻，始於南極大陸的冰河作用，大約發生在 3,500 萬年以前，接著從 250 萬年前開始，北半球的大冰河時期加速了冷卻。從大冰河期展開以來，全球氣候就處在循環當中，介於類似今日或更為暖和的情況，以及完全的冰川期之間。處於冰川期時，北美及歐洲大部分地方都覆蓋著 3 公里厚的冰層。在 250 萬年前到 100 萬年前之間，這種冰期—間冰期循環（glacial–interglacial cycles）每 4,100 年會發生一次；從 100 萬年前開始，每 10 萬年會發生一次。

這些大冰河時期循環週期的驅動力，主要來自於地球對應太陽的軌道變化。事實上，過去 250 萬年以來，這個世界有 80% 以上的時間都比現在還冷。我們目前處於間冰期，如今的全新世（Holocene）時期大約從 1 萬年前開始，正是冰河時期之間短暫溫暖情況的例子。全新世的開始，是由於上一次冰河時期的驟然迅速終止：在不到 4,000 年內，全球氣溫增加了攝氏 6 度，全球海平面上升了 120 公尺，大氣層中的二氧化碳增加了三分之一，甲烷量翻倍。

不過這一切還是比我們今日所見的變化要緩慢多了。在《蓋婭時代》（*The Ages of Gaia*）一書中，詹姆斯・洛夫洛克（James Lovelock）指出，像全新世這樣的間冰期是地球的發熱狀態，過去 250 萬年來，這個行星顯然偏好比較冷的平均全球溫度。洛夫洛克把全球暖化視為人類在地球的發熱狀態火上加油，這些全球氣候過往的大規模變化，在我的另一本書《氣候通識讀本》（*Climate: A Very Short Introduction*）中有更詳細的討論。

從前二氧化碳的變化

從研究過去的氣候得出的科學證據之一顯示，大氣層裡的二氧化碳是全球氣候的重要控制因素。過往溫室氣體和氣溫變化的證據，來自於從南極大陸和格陵蘭鑽鑿取出的冰芯。下雪時，飄落的雪花輕盈蓬鬆，富含空氣，隨著降雪增加，舊雪慢慢壓實成冰，就會保存一些氣泡。把這些遠古冰塊氣泡中保存的空氣抽出來，科學家就能測量過去大氣層中的溫室氣體百分比。科學家在格陵蘭和南極的冰層已經往下鑽鑿了 3 公里之多，讓他們得以重建過去百萬年間，大氣層中的溫室氣體含量。藉由檢視冰芯中組成冰的凍結水的氧與氫同位素，就能估計在水最初凍結時，冰層上方的氣溫。

檢測結果很驚人：大氣層中二氧化碳和甲烷這類溫室氣體的比例，在過去 80 萬年間，隨著氣溫共變（詳見圖 3）。氣候從冰期到間冰期的循環變化，可以從氣溫及大氣層中的溫室氣體含量看出來，這一點強力證實了大氣層中的溫室氣體與全球氣溫息息相關，二氧化碳與甲烷增加時，全球氣溫就會上升，反之減少時就會下降。

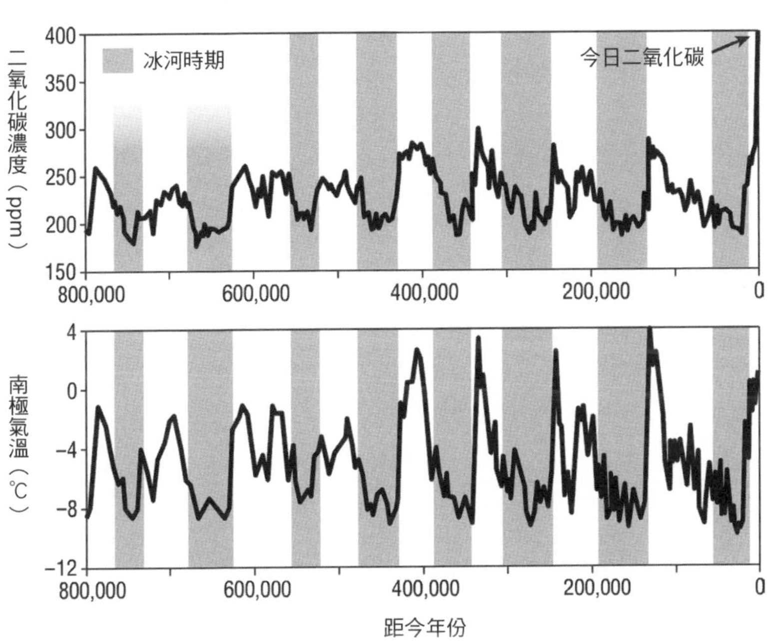

圖 3　冰芯中記錄了過去八次冰期循環的溫室氣體及氣溫。

早期農民

自格陵蘭及南極大陸邊緣的高解析度冰芯證據顯示，大氣層中的溫室氣體在一七〇〇年代工業革命之前，有些許升高。維吉尼亞大學（University of Virginia）的古氣候學教授拉迪曼（Bill Ruddiman）指出，早期農民造成了原本自然下降的溫室氣體反轉。大約 7,000 年前，森林砍伐及開墾導致大氣層中的二氧化碳開始增加；大約 5,000 年前，水稻農耕與牛隻擴張造成大氣層中的甲烷開始上升。

早期人類與環境的互動，似乎增加了大氣層中的溫室氣體，即使在工業革命之前，就已經足以延緩下一次冰河時期的發生，原本在接下來的 1,000 年中，隨時都有可能緩緩地展開。

工業革命

證據明確顯示，大氣層中的二氧化碳含量從工業革命開始就一直上升。最早的二氧化碳濃度測量始於一九五八年，地點在夏威夷的毛納羅亞山頂（Mauna Loa Mountain），海拔高達 4,000 公尺。在這個遙遠的地點進行測量，是為了避免當地污染源的影響。紀錄明確顯示，大氣層中的二氧化碳濃度從一九五八年開始，年年增加。一九五八年的平均濃度大約是 316 百萬分點（ppmv），今日已經上升為 420 百萬分點（詳見圖 4）。毛納羅亞山觀測台的年度變化大多是因為植物生長，吸收了二氧化碳。北半球春季時的吸收率最高，由於土地廣闊，每年春天大氣層中的二氧化碳都會下

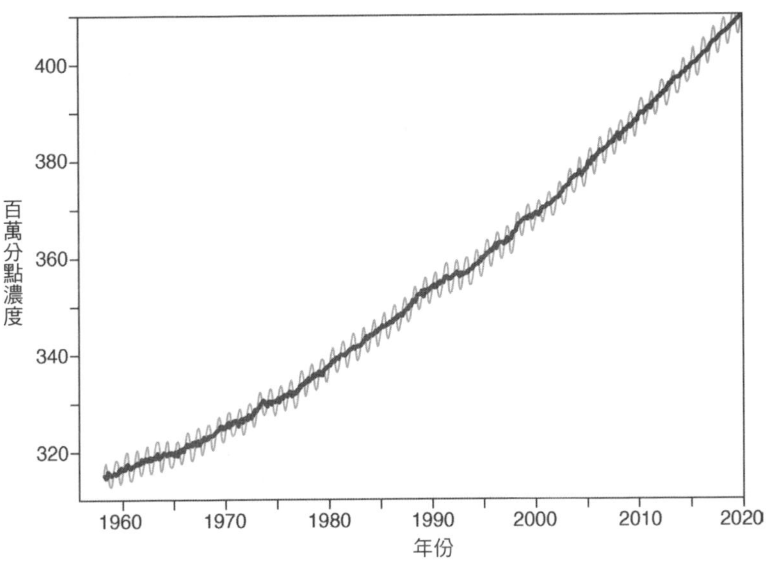

圖 4　毛納羅亞山觀測台的大氣層二氧化碳測量。

降。可惜的是，這並不會改變整體趨勢，二氧化碳總值依舊越來越高。

毛納羅亞山觀測台的二氧化碳數據，加上詳細的冰芯證據，產生了一份完整的大氣層二氧化碳紀錄，時間從工業革命初開始。這份紀錄顯示，大氣層中的二氧化碳濃度，從工業革命以前的 280 百萬分點，一直到如今的 420 百萬分點，增加超過 45%。從整體背景來看這樣的增加幅度，冰芯證據顯示過去 80 萬年間，大氣層中的二氧化碳變化一直在 200 到 280 百萬分點之間。冷暖時期之間的變化大約是 80 百萬分點——少於過去 100 年間，我們排放到大氣中的二氧化碳污染量。一個世紀內人類污染的程度，就多過自然界數千年的變化。

誰製造了污染？

《聯合國氣候變遷綱要公約》（UNFCCC）是第一份以減少全球溫室氣體排放為目標的國際協議。這個任務並不簡單，因為各國的二氧化碳排放量並不均等。根據 IPCC（詳見下方 BOX 1 說明），二氧化碳的主要來源是燃燒化石燃料：全球 85% 以上的二氧化碳排放都來自於能源生產、工業程序及運輸。這些排放量在全球的分布不均，因為工業及財富的分布不等：北美、歐洲、亞洲占全球工業生產二氧化碳排放量的 90% 以上（詳見圖 5）。除此之外，自古以來，已開發國家的排放量就比沒那麼先進的國家多很多。

BOX1：聯合國跨政府氣候變遷專家小組（IPCC）是什麼？

IPCC 由聯合國環境委員會（United Nations Environmental Panel）與世界氣象組織（World Meteorological Organization）在一九八八年時共同成立，處理有關全球暖化的議題。小組目的是為了持續評估關於氣候變遷各方面的知識狀態，包括對科學、環境與社會經濟的衝擊，以及相關的應變策略。小組本身並不進行獨立的科學研究，而是整合所有世界上發表過的關鍵研究，提出共識。小組共計發表過六份主要報告——在一九九〇年、一九九六年、二〇〇一年、二〇〇七年、二〇一三／一四年、二〇二一／二二年——此外還有許多獨立專門報告，涵蓋的主題有碳排放情境、替代能源來源、海洋、土地利用以及極端天氣事件等。

小組是公認關於氣候變遷最具權威的科學專門意見，所做的評估對於《聯合國氣候變遷綱要公約》的談判人員影響深遠。專家小組分為三個工作小組，加上一個任務編組，負責計算各國的溫室氣體排放量。這四個單位各有兩位共同主席（一位來自已開發國家，一位來自開發中國家），還有一個技術支援小組。第一工作小組負責評估氣候系統及氣候變遷的科學層面；第二工作小組處理人類弱點以及氣候變遷的自然系統，還有調適氣候變遷的種種選擇；第三工作小組評估限制溫室氣體排放的各種選項，此外還有減緩氣候變遷。

IPCC 提供各政府科學、技術及社會經濟的相關資訊，協助各國政府評估風險，並且制定應對全球氣候變遷的辦法。三個工作小組的最新報告在二〇二一年發表——有來自 120 多個國家，將近 500 位專家直接參與起草、修訂及完成這份報告，另外還有數以千計的專家參與審查過程。小組的作者均由政府及國際組織推薦，也包括非政府組織（NGOs）在內。要想了解氣候變遷，必讀這些報告，在本書最後的延伸閱讀可以找到清單。二〇〇八年時，IPCC 與美國前副總統高爾（Al Gore）共同獲頒諾貝爾和平獎，認可小組過去 20 年來所做的努力。

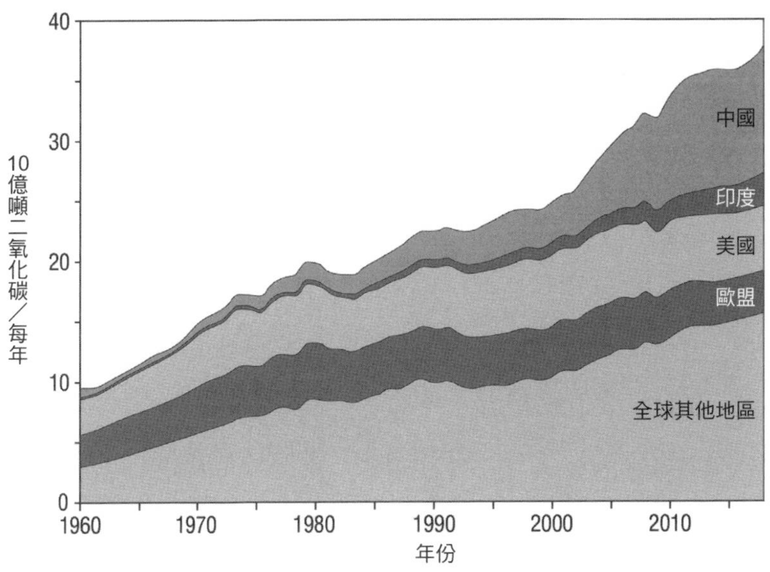

圖 5　歷史上按地區分布的二氧化碳排放量。

二氧化碳的第二大來源來自於土地利用改變，占全球二氧化碳排放量的 10% 到 15%。這些排放量主要來自於森林砍伐，目的是為了農業、都市化或修築道路。砍伐雨林後，土地往往變成比較不豐饒的草原，儲存二氧化碳的能力大幅下降。在這種情況下，二氧化碳的排放模式是不同的，南美洲、亞洲及非洲占了今日土地利用變化排放量的 90% 以上。不過這引發了重要的道德問題，因為很難去要求這些國家停止森林砍伐，北美洲和歐洲大部分地方，早在二十世紀初就已經發生這種狀況。以二氧化碳釋放量來說，工業程序依然遠遠超過土地利用改變。

自從工業革命以來，我們排放了將近 500 億噸的碳到大氣層中，但這還只是總排放量的一半。另一半已經由地球吸收了——有 25% 進入海洋、25% 進入陸地生物圈。科學家擔心這樣的污染吸收量，不太可能在未來保持下去，這是因為隨著全球氣溫上升，海洋暖化，能吸收的溶解相二氧化碳也會跟著變少（二氧化碳會溶解在水中形成碳酸）。隨著我們持續砍伐森林，把土地轉為農耕及都市化使用，能吸收二氧化碳的植被就越來越少，再次降低了二氧化碳污染物的吸收率（圖 6）。

證據明確顯示，大氣層中的溫室氣體濃度，從十八世紀工業革命以來就一直上升。如今大氣層中二氧化碳和甲烷的濃度，是過去至少 300 萬年來最高的時候。百年內我們排放到大氣層中的碳量，是從最後一次冰河時期過渡到目前的間冰期這 4,000 年來的一倍半。

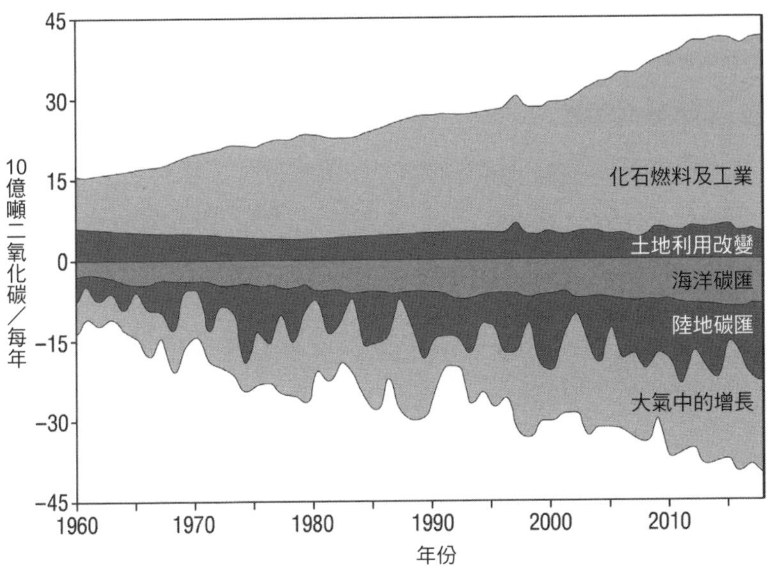

圖 6　歷史上的全球碳匯以及二氧化碳來源。

碳匯（carbon sink）是指可吸收地球大氣中的二氧化碳，減緩全球變暖的大片森林、海洋或土壤。

當前的科學共識認為，目前大氣層中的溫室氣體濃度變化，已經造成全球的氣溫上升。從一八八〇年起，全球平均地面溫度已經增加了攝氏 1.1 度。這樣的暖化伴隨著海洋明顯變暖，海平面上升超過 24 公分，北極海冰減少 50%，極端天氣事件的次數也增加了。我們排放到大氣層中的碳越來越多，氣候變遷的影響將會對人類社會造成越來越大的威脅和考驗。

針對氣候變遷問題，在科學、政治等層面的可能解決辦法，將會在本書接下來章節一一探討。第二章討論氣候變遷這個全球議題的興起。第三章和第四章探討當前有關氣候變遷的科學證據，科學家如何模擬未來，評估全球碳排放可能改變氣候的方式。第五章和第六章檢視未來氣候變遷的衝擊，看看氣候系統內是否隱藏著意外，可能會讓氣候變遷更加惡化。第七章和第八章探究氣候變遷的政治層面，以及可用的潛在政治、經濟和科技解決辦法。最後第九章提供多種未來願景，取決於我們將來的碳排放量，並且討論我們該如何解決氣候變遷的危機。

第二章
氣候變遷的歷史

科學家預測，如果我們繼續目前的碳排放途徑，在接下來的80年內，可能會讓地球的溫度提高攝氏1.5度到4.7度，經濟學家認為這會耗損20%的全球國內生產總額（GDP）。面臨這樣的威脅，了解氣候變遷的歷史及佐證很重要。一九五〇年代末時，氣候變遷的基本科學早已到位，但一直到要一九八〇年代晚期才得到重視。從那時候起，氣候變遷就成為人類所面臨最大的科學與政治議題之一。

老科學

氣候變遷的歷史悠久，可以說從一八五六年時就開始了，當時尤妮絲・牛頓・富特（Eunice Newton Foote，美國科學家、發明家及女權運動人士）發表了論文，闡明二氧化碳的溫室效應。她利用玻璃圓筒和水銀溫度計，填裝不同氣體後放在直射陽光下，裝有二氧化碳的那個會保存最多的熱能。檢視地球的歷史，富特發展出理論：「由這種氣體構成的大氣層，會讓地球的氣溫升高。」

就在三年後，倫敦皇家學會（Royal Institution）的自然哲學教授約翰・丁達爾（John Tyndall）示範了測量不同氣體的溫室效應。利用熱電堆技術的儀器，他是正確測量出例如氮、氧、水蒸氣、二氧化碳、甲烷和臭氧等氣體吸收相對紅外線（熱輻射）的第一人。他做出結論，大氣層中的水蒸氣最會吸收輻射熱，是控制地球氣溫的主要氣體。

以丁達爾、約瑟夫・傅立葉（Joseph Fourier）和克勞德・普雷特（Claude Pouillet）等科學家先前的研究為基礎，一八九六年時，瑞典物理化學家斯萬特・阿瑞尼士（Svante Arrhenius）計算出在溫室氣體變化下，地球氣溫的改變程度。他估計如果大氣層中的二氧化碳減半，地球氣溫將會下降攝氏 4 度，這很可能是導致冰河時期的關鍵。如果二氧化碳翻倍，全球氣溫則會增加攝氏 4 度。他的結論是，由人類活動引起的二氧化碳排放，像是燃燒化石燃料，就足以造成全球暖化。

不過一直要到一九三八年，工程師兼發明家蓋・史都華・卡倫達（Guy Stewart Callendar）彙整了全球 147 筆氣溫紀錄，涵蓋過去 50 年的時間，才顯示出地球確實在暖化（圖 7）。利用少數能取得的大氣二氧化碳測量值，他得以

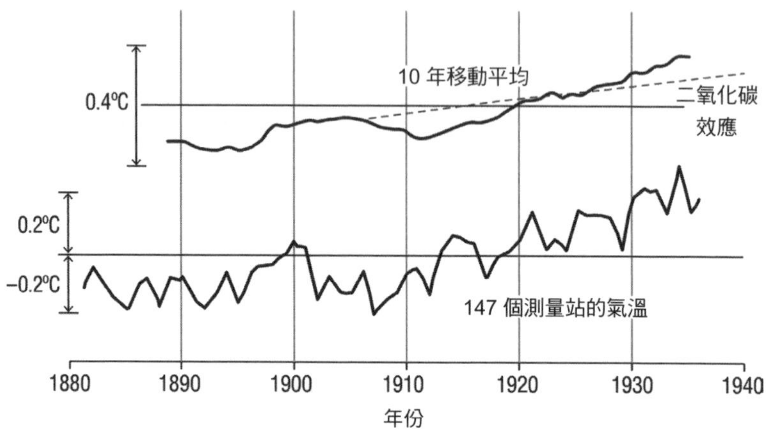

圖 7　蓋・卡倫達在 1938 年彙整的全球氣溫。

指出，大氣中的二氧化碳加倍會造成攝氏 2 度的暖化，這個數字比阿瑞尼士提出來的少了一半。卡倫達的成果起初受到懷疑，但是他在一九四〇年代到一九五〇年代之間發表的論文，促使其他科學家去探討大氣二氧化碳的變化及其控制因素。

第二次世界大戰時科技大幅進步，包括紅外線光譜學的發展，戰後不久，科學家就能夠說明，在高層大氣中的二氧化碳處於低壓時，的確會吸收熱能——因此表現出溫室效應。對於全球暖化可能發生的擔憂，一開始並沒有受到重視，科學家認為海洋能夠完全吸收人類活動排放的多餘二氧化碳。加州斯克里普斯海洋研究所（Scripps Institute of Oceanography）主任羅傑．雷維爾（Roger Revelle）對於這種輕忽的態度感到擔心。透過研究海洋表面的化學特性，他發現海洋把大部分吸收的二氧化碳又還回到大氣中。這是一項大發現，並且顯示出由於海洋化學的特殊性，海洋並不像眾人起初認為的那樣，並非人為二氧化碳的完美碳匯。如今我們知道，海洋每年可以吸收大約四分之一的人類活動產量（圖 6）。

受僱於雷維爾的查爾斯．基林（Charles Keeling）在氣候變遷科學上邁出重要的下一步，一九五〇年代末、一九六〇年代初時，基林利用當時最先進的科技，測量了南極大陸和毛納羅亞山的大氣二氧化碳濃度。所產生的基林曲線（Keeling Curves），從一九五八年首次測量以來，年年不祥地攀高，已經成為說明全球暖化的主要經典圖像（圖 4）。

為何延遲承認氣候變遷？

一九五九年時，物理學家吉爾伯·普拉斯（Gilbert Plass）在《科學人雜誌》（*Scientific American*）上發表文章，公布全球氣溫在世紀末時將會上升攝氏 3 度。雜誌編輯群替文章配上了工廠噴出煤煙的照片，說明文字寫道：「人類打亂自然歷程的平衡，每年排放數十億噸的二氧化碳到大氣層中。」這篇文章就像數以千計的雜誌報導、電視新聞消息和紀錄片，從一九八〇年代末開始，大家都看過。從一九五〇年代末全球暖化的科學被接受，一直到二十一世紀初，科學社群之外的人才明白全球暖化的真正威脅，為何會有這樣的延遲？

延遲承認氣候變遷的關鍵原因在於全球氣溫沒有增加，也缺乏全球環保意識。全球平均氣溫（GMT）的資料集是彙整所有能取得海陸氣溫加以計算所得出的結果，從一九四〇年到一九七〇年代中期，全球氣溫曲線似乎有略為往下的趨勢（圖 8），這引起許多科學家討論地球是否進入了下一次的大冰河期。一九七〇年代及一九八〇年代對於從前的氣候的知識增加，顯示這不太可能，因為冰河時期需要數千年

a）全球地面溫度

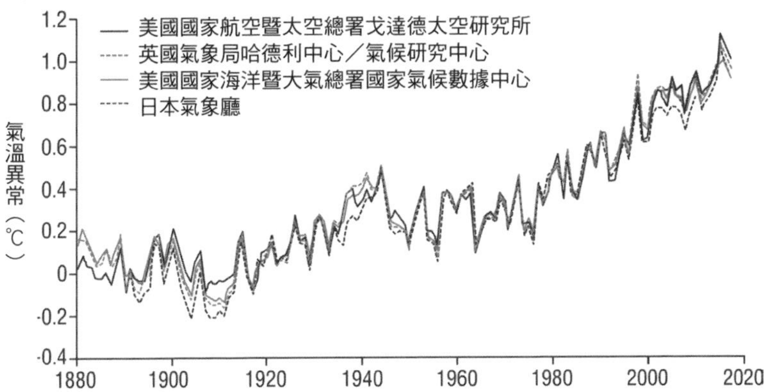

b）每 10 年平均溫度

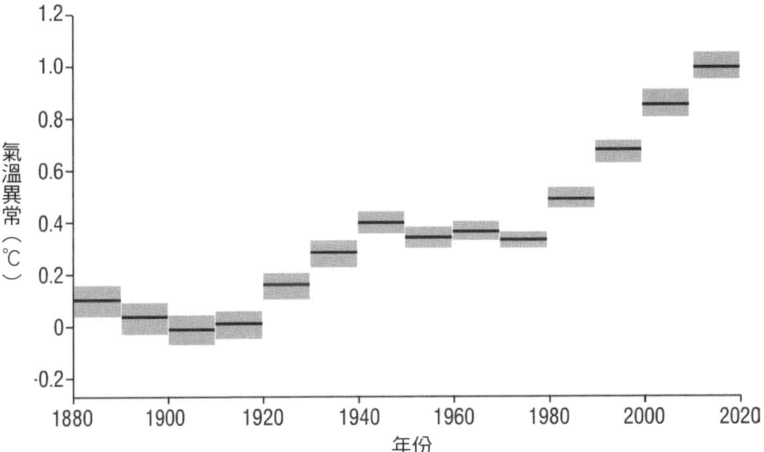

圖 8　過去 150 年來，地球地面溫度的變化。

才會形成。

即使如此，一直要到一九八〇年代晚期，全球年均溫曲線開始上升，全球冷卻的情境才終於被棄之不談。到了一九八〇年代晚期，全球年均溫曲線急遽上升，先前一九五〇年代晚期及一九六〇年代的證據重新獲得重視，全球暖化理論嶄露頭角。事實上，一九八八年時，美國國家航空暨太空總署戈達德太空研究所（NASA Goddard Institute for Space Studies）所長漢森教授（Jim Hansen），曾受邀到美國參議員院能源與自然資源委員會證實此事。他陳述道：「全球暖到了這個地步，我們已經能夠更有信心地去歸納，溫室效應與所觀察到的暖化，確實存在因果關係……並且現在已經發生了。」這番證詞受到媒體廣泛報導，全球暖化成為主流議題。

因此氣候變遷終於得到承認，似乎是由於全球年均溫上升所致。二〇二一年最新的 IPCC 科學報告，廣泛審視、綜合各種資料集。報告顯示，一九八〇年代晚期首次受到承認的全球氣溫趨勢是正確的，這種暖化趨勢持續不止，一直到今日都是如此（詳見圖 8）。

全球年均溫紀錄上升並不是全球暖化議題變得盛行的唯一理由，一九七〇年代晚期及一九八〇年代之際，全球氣候建模有了長足的進步。這些新的大氣－海洋環流模式（AOGCMs）估算出會有如此顯著的暖化，與大氣層中的二氧化碳加倍有關——實際上更接近阿瑞尼士原本的計算。到了一九八〇年代，科學界開始關注甲烷和其他非二氧化碳溫室氣體，以及海洋的熱能載體特性。一九八〇年代及一九九〇年代之際，大氣環流模式（GCMs）持續改進，從事這類模式研究的科學團隊也增加了。一九九二年時，首次全面比較 14 個大氣環流模式的結果，成果約略一致，證實溫室氣體上升將會導致顯著的全球暖化。

全球環保社會運動的崛起

一九八〇年代時，大量草根環保運動開始擴展，尤其是在美國、加拿大和英國。部分是因為對於一九八〇年代右翼政府和消費經濟擴張的反撲，部分則是因為媒體上環保相關的報導越來越多，預示了全球環保意識新世紀的到來，還有跨國非政府組織的興起。環保意識成長的根源可以追溯到幾個關鍵標誌：包括瑞秋・卡森（Rachel Carson）在一九六二年出版的《寂靜的春天》（*Silent Spring*）、一九六九年從月球拍攝到地球的影像、羅馬俱樂部（Club of Rome）在一九七二年發表的報告《增長的極限》（*Limits to Growth*）、一九八六年的車諾比核災以及一九八九年埃克森美孚（Exxon）石油公司在瓦爾迪茲（Valdez）的漏油事件（儘管後三者實際上引起的是區域性環保問題，僅限於發生的特定地理區域）。

真正展現出環境的全球連通性，是因為一九八五年英國南極調查局（British Antarctic Survey）發現，南極大陸上方的臭氧耗減。這個臭氧「洞」也有一個實實在在的國際起因——氟氯碳化物（CFCs）的使用——因此有了全新的政治領域：國際環境管理。緊接而來的是各種關鍵協議：一九八五年的《保護臭氧層維也納公約》（Vienna Convention for the Protection of the Ozone Layer）、一九八七年的《蒙特婁議定書》（Montreal Protocol）管制破壞臭氧層的物質，之後一九九〇年在倫敦以及一九九二年在哥本哈根又進一步調整修正。這些都被視為是環境外交的成功例子。

當時處於領導地位的政治人物，鼓勵並闡述了這些全新的全球環境問題以及國際間處理這些問題的能力。一九八九年時英國首相柴契爾（Margaret Thatcher）在聯合國發表演說，概述了氣候變遷的科學及對各國造成的威脅，還有需要採取哪些行動才能防止危機。她總結道：「我們應該逐步從這個大型組織及其相關機構著手，確保全世界達成協議，找出方法解決氣候變遷的影響，還有變得稀薄的臭氧層，以及珍貴物種的消逝。」美國總統老布希（George Bush Senior）也發表過類似的演講，其中包括一九九二年在美國國家海洋暨大氣總署（NOAA）陳述他的晴空及氣候變遷倡議。

IPCC 在一九八八年成立，一九九〇年發表第一篇科學報告。兩年後，在全球領導人的支持下，聯合國舉辦了里約地球高峰會（Rio Earth Summit），正式名稱是聯合國環境發展會議（United Nations Conference on Environment and Development, UNCED），協助會員國合作永續，保護世界環境。高峰會非常成功，因此有了《里約環境與發展宣言》（Rio Declaration on Environment and Development）、名為《二十一世紀議程》（Agenda 21）的本地永續倡議，還有《森林原則》（Forest Principles）。該會議中也建立了《聯合國防治荒漠化公約》（United Nations Convention to Combat Desertification）、《生物多樣性公約》（Convention on Biological Diversity），以及限制全球溫室氣體排放的基礎《聯合國氣候變遷綱要公約》。里約地球高峰會也打下了基礎，奠基了《千禧年發展目標》（Millennium Development Goals, MDGs）以及之後的《永續發展目標》（Sustainable Development Goals, SDGs）。

經濟學家的參與

在 IPCC 過程的一開始，經濟學家就參與了氣候變遷的研究。其中有兩份出自經濟學家的發表，對於氣候變遷的爭論產生了非常不一樣的影響。首先是具爭議的《持疑的環保論者》（*The Skeptical Environmentalist*）一書，由比約恩．隆堡（Bjørn Lomborg）在二〇〇一年以英文出版。在本書及後續的出版品中，隆堡認為減少全球溫室效應氣排放的代價過高，承受最大代價的是那些最窮困的人，因此我們應該透過迅速開發貧窮國家，減緩貧困。

這個方法有兩個主要問題，首先轉換成低碳經濟的成本相對較低，而且甚至可能有利於經濟成長。再來則是期待富國把資金轉到窮國，並且規模要足以減緩貧困，只為了免於減少溫室效應氣排放，未免太不切實際。

第二個主要的里程碑是由英國政府委託的二〇〇六年《史登報告》（Stern Report on *The Economics of Climate Change*，於二〇〇七年出版）。該報告由時任英國政府氣候變遷及發展經濟學顧問尼古拉斯・史登爵士（Sir Nicholas Stern）主導，負責向首相布萊爾（Tony Blair）報告。報告中陳述，如果我們毫無作為，氣候變遷的衝擊每年將會耗費全球國內生產總額的 5% 到 20%。這表示為了應付氣候變遷的影響，全球將會損失五分之一的收益（詳見第五章的討論）。

這個說法當然把氣候變遷衝擊放在完全不同的經濟規模上，迥異於隆堡的設想。不過《史登報告》還是有些好消息，報告中指出，如果我們盡力減少全球溫室氣體排放，並且確保我們能調適即將發生的氣候變遷影響，那麼每年損耗的全球國內生產總額就只有 1%。

《史登報告》受到其他經濟學家的批評，比如說，報告中是否使用了正確的固有折現率（inherent discount rate）？固有折現率是經濟學家使用的一種利率，用來考量發生在未來的消費其價值會低於現值。換句話說，未來的消費應該折減，只因它發生在未來，而人們通常偏好現在勝過未來。諾貝爾獎得主威廉·諾德豪斯（William Nordhaus）利用高達3%的固有折現率，指出今日大家重視某項25年後會發生的環境效益，但等到那時候，大家認為的效益只會剩下現在的一半。

不過諾德豪斯近來飽受批評，因為他宣稱全球氣溫比工業化以前的水準增加攝氏4度時，每人國內生產總額只會減少2%到4%。諾德豪斯模式的根本缺陷在於，他使用一次而非二次損害函數——如此一來，就算是災難等級的氣候變遷，在這個經濟模式中，對於經濟的傷害也不大。《史登報告》也遭批評過度樂觀，轉換成低碳世界的成本並不低，二〇〇八年六月時，史登確實修正了估計成本，將損耗的全球國內生產總額提高到2%。儘管如此，《史登報告》還是撼動了全世界，人們開始認為：「如果經濟學家擔心起氣候變遷的成本，那一定是真的。」

經濟學家對氣候變遷的參與不只如此，有些具有高度影響力的書籍和論文，質疑大家對於經濟的整體了解，還有經濟與環境的關係。其中包括經濟學家提姆．傑克森（Tim Jackson）的《誰說經濟一定要成長？》（*Prosperity without Growth*）一書，首次出版於二〇〇九年，書中質疑傳統的看法，探討經濟成長是否必要，甚至於是否值得嚮往。二〇一七年時，經濟學家凱特．拉沃斯（Kate Raworth）出版《甜甜圈經濟學》（*Doughnut Economics*）一書，在書中以七種方式陳述「古典經濟學」的錯誤之處，指出環境限度以及基本人權必須是經濟學的中心。兩個世代以來，古典經濟學首次持續遭到抨擊，來自二十一世紀新世代活躍、創新的經濟學家，把環境與人類的福祉視為世界經濟不可或缺的一部分。核心在於我們該如何應付氣候變遷，同時又能改善人類生活。

氣候變遷與媒體

氣候變遷崛起成為主要全球議題的另一個原因是媒體的密集關注，因為氣候變遷很適合媒體：勁爆的現世末日故事，當中的關鍵主角卻認為這根本不是真的。一九九〇年代英美及澳洲的新聞報導，對氣候變遷的說法大多抱持懷疑的態度，反覆企圖助長對於科學的不信任，透過種種策略，泛論、誇大，強化科學社群內的分歧，更重要的是，讓科學家與科學機構失去信譽。

這場由媒體推進的極端公共科學爭議，可能的解釋有二。第一，氣候變遷否認者和工業遊說團體不樂見應對氣候變遷的政治行動，因此利用有關方法及科學不確定性的爭議，輕易就能擱置他們的案子。事實上，二〇一九年時就發現，最大型的上市石油公司中，有五家就花了 2 億多美元進行遊說，以控制、拖延或阻擋有約束力的氣候政策。

第二，媒體倫理承諾的平衡報導應用不當，讓那些原本在科學界不被認可或邊緣的批評觀點受到矚目。在英國，國家廣播公司（BBC）不斷遭受批評，因為他們持續呈現這種偽平衡報導，常常讓氣候科學家與老練的政客或收錢的遊說者同台較勁。

除了傳統媒體之外，所謂的氣候變遷爭議也移師到社群媒體上，氣候變遷否認者一有機會就攻擊科學家的證據和看法。假新聞的興起對許多科學領域造成衝擊，包括疫苗接種以及對抗新冠肺炎的種種努力，當然還有氣候變遷。偽平衡的媒體辯論、假新聞及社群媒體宣傳活動共同促成了一種大眾印象，認為氣候變遷的科學「尚有爭議」，儘管許多人認為科學例證排山倒海，氣候變遷正在發生，而人類活動正是主要驅動力。

不過情況正在改變，過去幾年來，許多國家的民意調查都顯示，民眾大多明白氣候變遷的真實性，了解這是主要的威脅。這主要是透過大家的親身經歷，或是目睹了全球極端天氣的影響。如今定期會有關於氣候變遷的新聞報導，即使在最近新冠肺炎疫情期間仍然持續不斷。像是高爾的《不願面對的真相》（*An Inconvenient Truth*）、大衛・艾登堡（David Attenborough）的《活在我們的星球》（*A Life on Our Planet*），還有英國國家廣播公司第一台（BBC1）的

《氣候變化：事實真相》（*Climate Change: The Facts*）等重要紀錄片，都讓這項議題受到廣泛的矚目。

新全球環保社會運動

二〇〇八年及二〇〇九年時，全球興起第二波氣候變遷的社會意識，這一回著重在哥本哈根氣候會議（COP15），希望能達成主要的氣候協議。哥本哈根會議最終徹底失敗，因為缺乏國際領導力，加上美國從中作梗，全球又在擔心該如何應付二〇〇八年的金融海嘯。一直要到二〇一五年的巴黎氣候會議（COP21），協商才回到正軌。有將近 10 年的時間，環保運動停滯不前，因為重心都在世界經濟上。不過這一切在二〇一八年全改變了，第三波全球環保社會運動自此展開。

二〇一八年五月時，抗議團體「反抗滅絕」（Extinction Rebellion, XR）在倫敦成立，並在十月由 100 多位學者發動呼籲對氣候變遷採取行動。「反抗滅絕」的目標是採取非暴力公民不服從行動，迫使全球政府去避免氣候系統達到臨界點，喪失生物多樣性，免於社會及生態崩潰瓦解。二〇一八年十一月及二〇一九年四月，「反抗滅絕」讓倫敦市中心陷入癱瘓，如今這個團體的成員遍布全世界至少 60 個城市。

二〇一八年八月，15 歲的格蕾塔．童貝里（Greta Thunberg）於上課期間開始在瑞典國會外舉牌，上面寫著「Skolstrejk för klimatet」（為氣候罷課），呼籲對氣候變遷採取更強力的行動。訊息傳了出去，很快地，全球各地其他的學生展開類似的罷課行動，每月一次，選定週五，他們稱這個運動為「週五護未來」（Fridays for Future）。據估計截至二〇一九年底，在 150 多個國家內共有 4,500 多次罷課，參與的學童達 400 萬人。

二〇一八年及二〇一九年時，IPCC 發表了三份極具影響力的報告。第一份是在二〇一八年發表的《全球升溫 1.5℃特別報告》（Special Report on Global Warming of 1.5℃），當中記錄了如果要將全球氣溫上升維持在只有攝氏 1.5 度，全世界所必須採取的行動。報告中也陳述了減緩氣候變遷的正面及負面作用，還有發展目標的永續性。第二份是《氣候變遷與土地特別報告》（Special Report on

Climate Change and Land），討論氣候變遷對於土地沙漠化的重大影響，還有土地管理、糧食安全及陸域生態系。第三份是由 IPCC 發表的《氣候變遷下的海洋與冰凍圈特別報告》（Special Report on the Ocean and Cryosphere in a Changing Climate），呈現出氣候變遷衝擊反映在冰層融化的速度上，還有高山冰川、海冰，以及對於海平面上升和海洋生態系統的影響。

新的社會運動以及最新的科學，激發許多企業率先行動。微軟（Microsoft）為科技領域立定計畫，滿懷雄心的目標要在二〇三〇年達成負碳排。到了二〇五〇年，他們想除去大氣層中所有的二氧化碳污染物，希望能移除該公司從一九七五年創立以來，包括供應鍊在內的碳排放。天空公司（Sky）為媒體領域立定計畫，承諾該公司及其供應鍊將在二〇三〇年達成負碳排。英國石油公司（BP）也公開聲明，透過除去或抵換 4 億 1,500 多萬噸的碳排放量，該公司將在二〇五〇年達到碳中和。這些公司是全球 1,000 多家公司的一部分，他們都承諾要採用以科學為基礎的目標，實際上就是指他們將在二〇五〇年達到淨零碳排放。

有鑒於這樣的壓力，全球政府從二〇一九年開始宣布，我們實質上進入了氣候緊急狀態，必須採取行動。本書出版之時，有 1,400 多個地方政府、超過 35 國響應氣候緊急狀態宣言。儘管二〇二〇年時，全世界集中關注新冠肺炎疫情，氣候變遷仍然是重大議題。媒體及社群媒體上一直有許多爭論，探討後疫情時代該如何以更永續和低碳的方式重建經濟。其中許多建議都在第九章有討論，也有很多早已付諸實行。

第三章
氣候變遷的證據

科學不是信仰體制，而是理性、邏輯的一套方法，利用仔細觀察和實驗向前邁進，不斷測試、再測試各種觀念和理論。這是全球社會的根本基礎，所以不能挑三揀四，只看自己願意相信的科學證據，拒絕那些不想面對的。比如說，你不能決定要相信抗生素（因為可以救命），或是相信裝翅膀的沉重金屬筒能夠飛起來（因為想去度假），但同時卻否認吸菸會致癌，或是人類免疫缺陷病毒會造成愛滋病，又或者是否認溫室氣體會造成氣候變遷。在本章中，我將呈現科學證據，證明由人類活動引起的氣候變遷已經發生了。

證據權重

要想了解氣候變遷，我們就必須了解科學的運作方式。「證據權重」法則讓人需要時常彙整新數據，進行新實驗，才能持續檢驗自己關於氣候的觀念和理論。過去 40 年來，氣候變遷的理論應該是科學上受到最徹底檢驗的觀念之一。總共有六個主要領域的證據應該要去考量：

一、我們追蹤了大氣層中的溫室氣體增加，並了解溫室氣體在過去氣候變化中的作用。

二、我們從實驗室及大氣層中的測量值得知，溫室氣體出現在大氣中的時候，確實吸收了熱能。表格 1 概述了對於主要溫室氣體的最新了解。

三、我們追蹤了過去一個世紀內，全球氣溫的顯著變化和海平面的上升。

四、我們分析了自然變化對於氣候的影響，包括太陽黑子和火山爆發。儘管這對於了解過去 150 年來的氣溫變化模式必不可少，卻無法解釋暖化的趨勢（圖 6）。

五、我們觀察到地球氣候體系的顯著變化，包括格陵蘭和西南極大陸的冰層融化、北極海冰消退、各大洲的高山冰川後退，以及永凍層（permafrost）的縮小和活凍層的深度增加（active layer，永凍層的頂端，每年夏季會融化）。

六、我們持續追蹤全球天氣，發現極端天氣事件的數量和強度都有顯著的改變：研究顯示氣候變遷是許多極端天氣事件的促成因子。

表 1　主要溫室氣體及其暖化大氣層的相對能力

溫室氣體	化學式	生命週期（年）	工業化之前程度	**2018 年程度**	人類來源	全球暖化的潛力（與二氧化碳相比）	
						20 年	**100 年**
二氧化碳	CO2		278 ppmv	407 ppm（增加 45% 以上）	燃燒化石燃料、土地利用改變、水泥生產	1	1
甲烷	CH4	12.4	700 ppbv	407 ppm（增加 45% 以上）	化石燃料、稻田、垃圾掩埋場、家畜	96	32
氧化亞氮	N_2O	121	275 ppbv	331 ppb（增加 20% 以上）	肥料、工業程序、燃燒化石燃料	264	265
二氟二氯甲烷	CCl_2F_2	100	非天然產生	508 ppt	冷卻液、泡沫劑	10,800	10,200
二氟一氯甲烷	$CHClF_2$	11.9	非天然產生	244 ppt	冷卻液	5,280	1,760
四氟甲烷、四氟化碳	CF_4	50,000	0*	79 ppt	鋁生產	4,880	6,630
六氟化硫	SF6	3,200/	0*	9.59 ppt	介電液	17,500	23,500

ppm ＝大氣層中的百萬分率

ppb ＝大氣層中的十億分率

ppt ＝大氣層中的兆分率

* 自然發現的微量

在本章中，我們會考量全球氣溫、降水、海平面以及極端天氣事件變化的證據。

氣溫

氣溫可以從幾個來源來估計，可以直接根據溫度計，也可以依據代用指標。沒辦法或不可能取得直接測量值時，可以測量代用指標當作變數，例如紅外線（熱輻射）衛星測量值就可以代用來估計地面溫度。

直接根據溫度計測量的氣溫，在北美及歐洲有幾個地點在記錄，可以往回追溯到一七六〇年。一直到十九世紀中葉之前，觀測地點沒有增加到足夠的全球地理涵蓋範圍，不足以計算全球陸地的平均值。海水表面溫度（Sea-surface temperatures, SSTs）和海洋氣團溫度（marine air temperatures, MATs）從十九世紀中葉開始，就有船隻系統化加以記錄，但即使到了今天，南半球的涵蓋率仍然很不理想。這些資料集全都多少需要校正，才能說明條件的變化和測量技術。例如陸地數據需要去檢視每個站點，確保條件沒有隨著時間產生變化，包括測量地點、使用的儀器、放儀器的百葉箱，或者是月平均值的計算方式。我們也必須考量某些站點附近的城市成長造成的都市熱島效應，會導致氣溫升高。在 IPCC 的科學報告中，都市熱島效應的影響已被承認真實存在。不過就算不做校正，對於目前全球溫度的彙整統計影響仍可以忽略不計（小於攝氏 0.006 度）。

海水表面溫度和海洋氣團溫度也需要校正。首先，一直到一九四一年，大部分的海面溫度都是利用甲板上的水桶吊起海水來測量。從一九四一年起的測量大多在船隻的引擎進水口進行。第二，一八五六年到一九一〇年之間，水桶從木製改為帆布製，改變了海水吊掛在甲板上時，因蒸發作用而造成的冷卻量。此外這段期間也慢慢從帆船轉變成輪船，改變了船隻甲板的高度與船行速度，這兩者都會影響水桶的蒸發冷卻。另一項必須進行的關鍵校正是不同時期的全球氣象站分布，從一八七〇年起有了重大的變化。

全球氣溫紀錄的校核是由世界各地的多個團體負責進行，包括英國氣象局（UKMO）、美國國家航空暨太空總署（NASA）、美國國家海洋暨大氣總署（NOAA）以及日本氣象廳（JMA）（詳見圖 8）。二〇一二年時，物理學家暨前氣候變遷懷疑論者理查・穆勒（Richard Muller）教授，與他的柏克萊團隊校勘了過去 250 年的全球氣溫紀錄。由於他的團隊沒有考慮到全部的校正，他們的全球暖化估計高於其他團體。後來經過修正，穆勒公開宣布他改變看法，表示氣候變遷正在發生，並且顯然是因為人類活動所致。

經過所有必要的校正後，製作出全球地面溫度從一八八〇年到二〇二〇年的連續紀錄，顯示出可見的暖化介於攝氏 1 度及 1.3 度之間，這段時期最有可能的上升幅度是攝氏 1.1 度（詳見圖 8）。這些觀測數據來自 60 年的氣球及衛星數據資料佐證，例如有 800 多個觀測站，每天會發送兩次探空氣球，用來測量大氣中的溫度、相對濕度及壓力，穿越直到大約 20 公里高的地方，然後在那裡爆裂。氣溫紀錄也顯示陸地暖化的速度比海洋快，從一八五〇年起，陸地暖化了攝氏 1.44 度，而海洋暖化了攝氏 0.89 度（詳見圖 9）。

儀器或溫度計紀錄出現之前的全球氣溫，也可以被重建。科學家利用古氣候代用指標例如樹木年輪厚度、冰芯或洞穴沉積物的同位素組成來估計當地的氣溫。把全球平

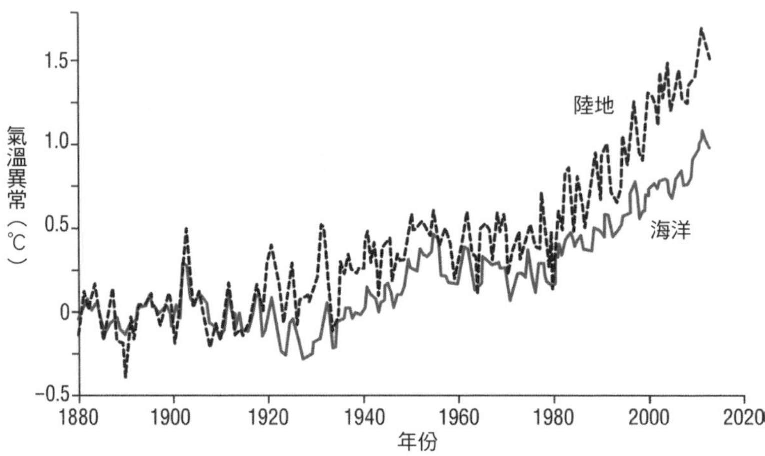

圖 9 1850 年以來的陸地及海洋氣溫。

均氣溫的儀器紀錄加上更早期的古氣候氣溫紀錄，顯示了紀錄末端的急劇上升，這稱為全球暖化的「曲棍球桿」（hockey stick）。二〇一九年時，《自然》（*Nature*）期刊發表了一篇研究，在瑞士伯恩大學（University of Bern）厄施格氣候變遷研究中心（Oeschger Centre for Climate Change Research）的拉非爾・紐康（Raphael Neukom）帶領下，利用 700 多筆古氣候紀錄，顯示在過去 2,000 年中，全球氣候唯一同時、同方向改變的時期，就是最近 150 年，地球表面有 98% 以上暖化（詳見圖 10）。

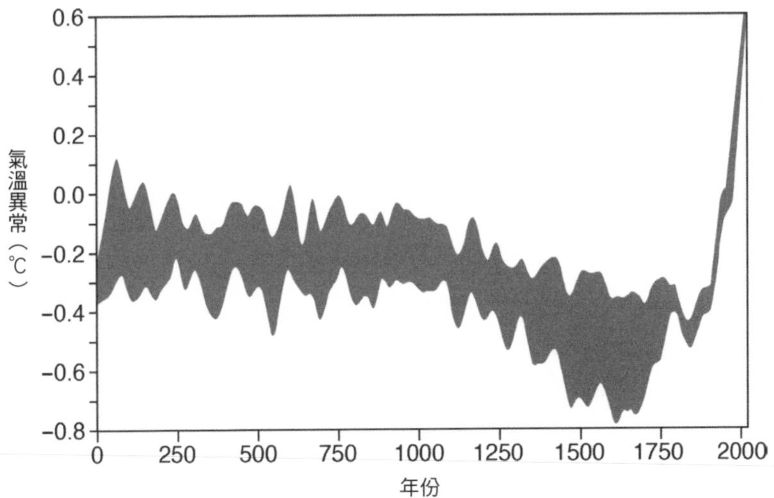

圖 10　過去 2,000 年的北半球氣溫重現。

降水

全球降水資料集有二：赫姆（Hulme）以及全球歷史氣候網（GHCN）。遺憾的是，不像氣溫，降雨量和雪量紀錄沒有那麼詳細，記錄的時間也沒那麼長。陸地上的降水往往會被低估 10% 到 15%，這是因為集雨盤受周圍氣流影響的緣故。如果沒有校正，全球降水就會呈現出虛假的上升趨勢。儘管有這些問題，過去 25 年來的降水似乎顯著增加

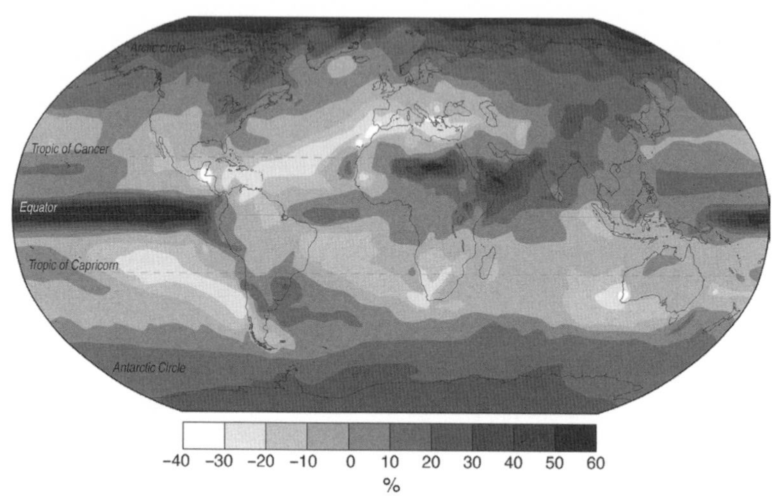

圖 11　全球降水變化（1900 年到 2018 年）。

（詳見圖 11），尤其是在北半球的中緯度地區。佐證是從一九八〇年代以來，大氣中的含水量在陸地、海洋和高對流層中都增加了，符合暖化大氣能吸收額外水蒸氣的特點。

證據顯示全球降水增加，不過從個別地區來考量時，這種變化的證據更加明確。IPCC 最新的報告指出，降水顯著增加發生在北美及南美的東部、北歐和北亞、中亞。降水的季節性似乎也改變了，例如在北半球的高緯度地區，冬季降雨量增加，夏季降雨量減少。在薩赫爾（Sahel，為非洲撒哈拉沙漠南緣，橫亙非洲大陸至少 14 個國家的半乾燥氣候帶）、地中海、南非和南亞部分地區也觀察到長期的乾旱趨勢。此外也同時觀察到，在豪大、「極端」降雨事件中的降雨量增加了。

相對全球海平面

IPCC 也彙整了全球海平面最近的數據資料，顯示出在一九〇一年到二〇一八年之間，全球海平面上升超過 24 公分（詳見圖 12）。海平面變化很難測量，因此有了從兩組截然不同資料集衍生出來的相對海平面變化——潮位站（tide-gauges）與衛星。在傳統的潮位站系統中，海平面是透過以陸地為基準的潮位站水準點來測量。主要問題在於，陸地表面比大家預期中多變，存在許多垂直運動，這些全都會被納入測量，導致測量數據的不準確。垂直運動的發生可能是因為三角洲沉積物的正常地質壓實、沿岸含水層的地下水抽取、地殼板塊碰撞造成的相關隆起（最極端的結果是造山運動，例如喜馬拉雅山脈），以及上一次冰河時期結束後的冰河消融後回彈及其他地方的地殼下沉補償。回彈是因為

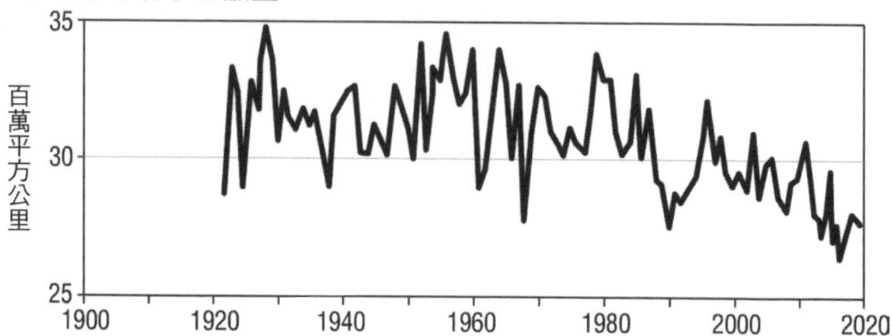
a）北半球春季雪蔽量
百萬平方公里
35
30
25
1900
1920
1940
1960
1980
2000
2020

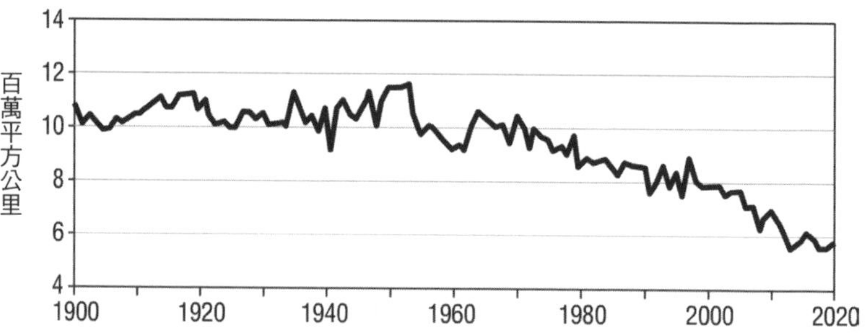
b）北極夏季海冰範圍
百萬平方公里
14
12
10
8
6
4
1900
1920
1940
1960
1980
2000
2020

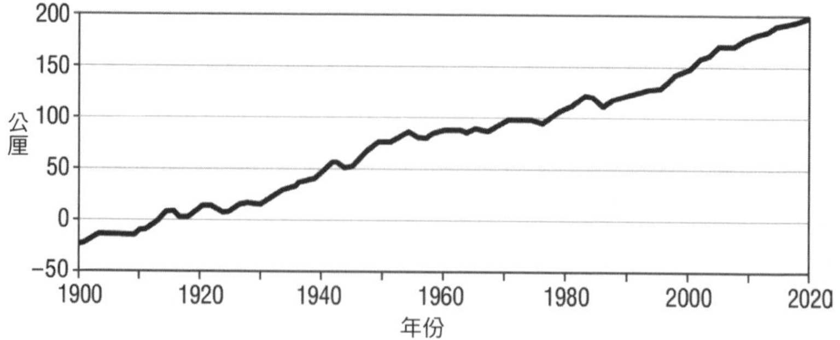
c）全球平均海平面變化
公厘
200
150
100
50
0
−50
1900
1920
1940
1960
1980
2000
2020
年份

圖 12 氣候變遷的指標。

巨大的冰層融化時，重量迅速減少，原本被往下壓的陸地，慢慢回升到原來的位置。例子之一是蘇格蘭，以每年 3 公釐的速度上升，但英格蘭仍然以每年 2 公釐的速度下沉，儘管蘇格蘭的冰層已經在 1 萬年前融化了。相較之下，衛星數據資料的問題是涵蓋的時間太短，最佳衛星數據資料從一九九三年一月開始，顯示海平面以每 10 年 35 公釐多的趨勢上升中。這表示衛星數據必須結合潮位站的資料，才能看出長期的趨勢。

總而言之，在一九〇一年到二〇一八年之間，全球平均海平面每年大約上升 2 公釐，上升速度最快是在二〇〇八年到二〇一八年之間，每年上升 4.2 公釐。過去 30 年來海平面上升是由下列原因所促成的：39% 是海洋的熱膨脹、9% 是南極冰層、大約 12% 是格陵蘭冰層、27% 是冰川及其他冰帽，另外大約有 13% 是因為整體陸地蓄水量減少（圖 13）。格陵蘭及南極的冰層造成了最近的海平面上升，而且這個成因還在加速中。此刻據估計格陵蘭每年失去超過 230Gt（1Gt=1 億噸）的冰，從一九九〇年代以來增加了七倍。同時南極大陸每年也失去將近 150Gt 的冰，從一九九〇

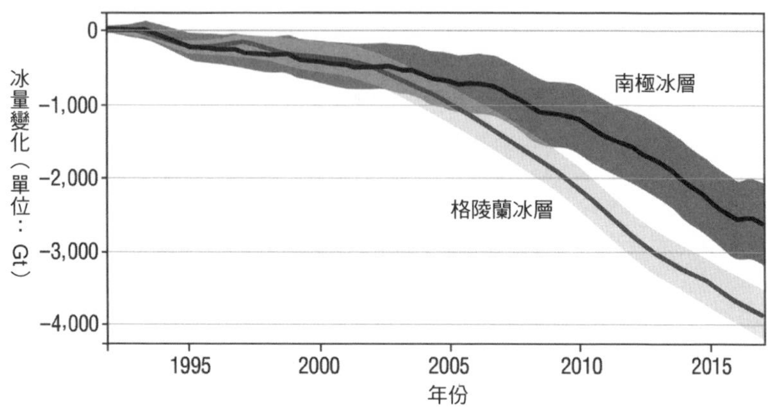

圖 13　融化的南極和格陵蘭冰層。

年代初期以來增加了五倍。大部分的損失發生在南極洲北部半島和西南極大陸的阿曼森海域（Amundsen sea sector）。

其他全球暖化的證據

其他氣候變遷的證據來自於高緯度地區和極端天氣事件的監測。北極海冰的年平均範圍，在一九七九年到二〇一八年之間，總計以每 10 年 3.5% 到 4.1% 的速度減少，這表示每 10 年會失去 45 萬到 51 萬平方公里的海冰。夏季海冰最小值少了更多，每 10 年減少 12.8%，相當於每 10 年減少

100 萬平方公里的海冰。相較之下，一九七九年到二〇一八年之間，南極海冰的年平均範圍變化明顯，出現最高與最低紀錄，不過檢視該段期間的持續衛星觀測，並未發現顯著的趨勢。

永凍層地區也有證據。永凍層存在於高緯度和高海拔地區，那裡非常寒冷，地面凍結到深處。夏季期間，永凍層只有表面半公尺左右暖到足以融化，這個部分叫做活凍層。過去 50 年來，阿拉斯加的永凍層暖化了攝氏 3 度，北歐／俄羅斯的永凍層暖化了攝氏 2 度，證據顯示活凍層變深很多。一九〇〇年以來，北半球季節性永凍層的最大覆蓋範圍已經減少了 7%，在春季減少高達 15%。這個越來越多變化的冰凍圈（cryosphere），將加劇對人類、建築物和通訊網路的自然災害風險。我們已經可以看到種種損害發生在建築物、道路和管線上，像是阿拉斯加的輸油管。此外證據也顯示，幾乎所有的非冰層冰河（non-ice-sheet glacier）都在後退，總降雪量和年度雪冰覆蓋率已經大幅減少，尤其是在北半球（圖 12）。一九二二年到二〇一八年之間，每 10 年失去超過 27 萬平方公里的冰雪覆蓋。在北極，積雪持續期間每 10

年平均減少大約 3 到 5 天，更大規模的減少則發生在歐亞北極地區（大約 12.6 天）和北美北極地區（6.2 天）。

證據也顯示，北半球的春季來得更早了。芬蘭托爾尼奧河（Tornio River）的覆冰量紀錄從一六九三年開始彙整，顯示如今結凍河川的春季解凍早了一個月。在日本京都，著名的櫻花如今比 100 年前提早了 21 天盛開。在法國，伯恩（Beaune）的葡萄收成如今比 100 年前提早了 10 天。在英國，春季提早來臨的幾個指標之一是鳥類比 45 年前提早 12 天築巢。需要溫暖天氣生存的昆蟲物種——包括蜜蜂和白蟻——如今紛紛北移，有些早已越過英吉利海峽，從法國到了英國。另外在美國，早春活躍的植物物種像是紫丁香和忍冬花，比 40 年前提早了三週舒展葉片。

極端天氣事件

IPCC 的最新報告指出，幾乎可以確定由人類活動引起的氣候變遷，已經造成了多數大洲上極熱天氣的發生頻率和嚴重程度增加，還有極冷天氣減少。熱浪的頻率及強度增加，在歐洲、亞洲、美洲和澳洲都有發生。過去 10 年中，破紀錄的熱浪發生在澳洲、加拿大、智利、中國、印度、日本、中東、巴基斯坦和美國。

氣候變遷也是各洲區域劇烈降水增強的主要原因，往往導致水災。過去 10 年內，破紀錄的極端水災出現在巴西、英國、加拿大、智利、中國、東非、歐洲、印度、印尼、日本、韓國、中東、奈及利亞、巴基斯坦、南非、泰國、美國和越南。

人為氣候變遷也影響了熱帶氣旋的全球分布及強度。二〇二〇年時，美國國家海洋暨大氣總署的詹姆斯．科辛（James P. Kossin）與同事進行的一項研究指出，過去 40 年來，全球最具破壞力的氣旋發生次數增加了 15%。最明顯的是在北大西洋發生的重大颶風，每 10 年增加了 49%，在南印度洋的重大氣旋，每 10 年增加 18%。總而言之，源自於北大西洋、太平洋和南印度洋的熱帶旋風數量增加了，每年的變異也增加了。例如二〇一九年時，印度洋總共有 4 個巨大的旋風，其中有 2 個在南印度洋，規模前所未見。從一九六七年開始有可靠的紀錄以來，二〇一八年到二〇一九年的西南印度洋旋風季是史上損失最重大、旋風最活躍的一季。二〇二〇年時，超級旋風安攀（Amphan）在北印度洋生成，在孟加拉西部登陸，影響將近 4,000 萬人，造成 130 億美元以上的損失。

科學家之所以很肯定許多極端天氣事件都是受氣候變遷影響，是因為有了歸因科學（attribution science）這個新領域的出現。電腦處理能力的進步和建立影響天氣因素模式的方法改善，科學家得以進行天氣模擬，以了解某個地區有無受到人為溫室氣體影響的差異。這讓我們可以找出氣候變遷對於特定極端天氣事件的影響程度，以及如果有影響的話，究竟是增加了強度、頻率，又或者兩者都有。二〇一五年到二〇二〇年之間發生的極端天氣事件，有 113 件以上利用歸因科學進行了研究：結果顯示有 70% 因為氣候變遷增加了頻率或強度，26% 因為氣候變遷減少了發生次數，另外 4% 則沒有因為氣候變遷而產生變化。

氣候變遷否認者怎麼說？

概述氣候變遷證據的最佳方式之一，就是仔細檢閱氣候變遷否認者對於當今最先進的科學的反對說法。

冰芯證據顯示，大氣層中的二氧化碳反映出全球氣溫，因此大氣層中的二氧化碳不可能造成全球氣溫改變。

上一個冰河時期結束之際，地球變暖了，我們從格陵蘭和南極大陸的冰芯得知，南北半球在不同時間，以不同的速度暖化。除此之外，還有以千年尺度的氣候事件，北美洲冰層融化時，大量的冰掉落，使得北大西洋充滿淡水，改變了海洋環流，使北半球變冷。

這些事件之一稱作「海因利希事件一」（Heinrich event 1），大約發生在15,000年前，另一樁事件叫做「新仙女木事件」（Younger Dryas），大約發生在12,000年前。因為恰如其名的「雙極氣候蹺蹺板」（bipolar climate seesaw），每當北半球冷卻下來，熱能就會由海洋往南傳送，使得南半球變暖。因此如果去比較個別冰芯的氣溫紀錄，重現大氣層中的二氧化碳含量，就會發現有些時候兩者之間的關係交換了。為了真正了解全球氣溫與二氧化碳之間的關係，哈佛大學的傑洛米．夏肯教授（Jeremy Shakun）與同事精心建立了一個涵蓋上一個冰河時期結束時所有溫度的整合數據資料（詳見圖 14）。紀錄顯示，大氣層中的二氧化碳含量引導全球氣溫，讓我們更有信心確定，在上一次大冰河期結束時，是二氧化碳造成了地球的暖化。

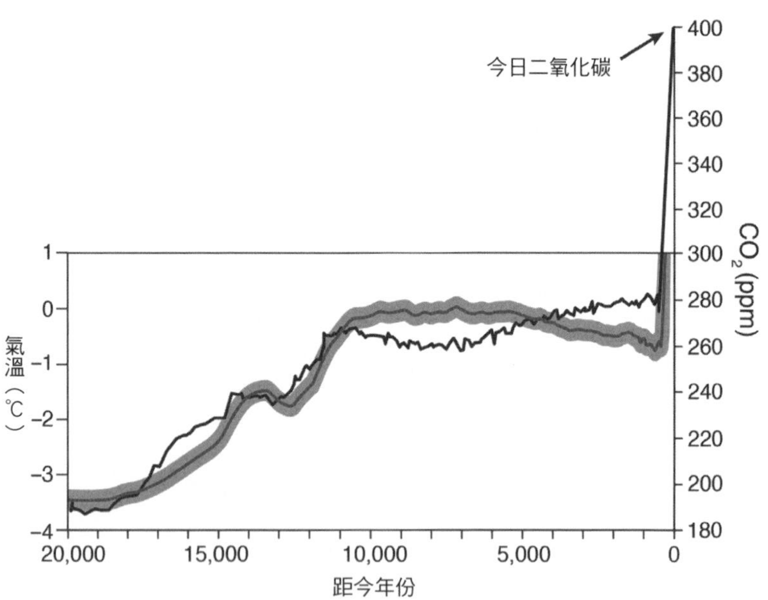

圖 14　過去 20,000 年的全球氣溫和二氧化碳變化。

二氧化碳只占大氣層的一小部分，不可能有大規模的加熱效應。

這是試圖訴諸典型的常識論證，但卻完全錯誤。首先，科學家在實驗室裡反覆進行過實驗，也在大氣中測量過，一再顯示出二氧化碳的溫室效應。其次，關於所謂「常識」規模的論點，即少量事物不足以產生太大的影響，也是錯誤的。其實只要 0.1 克的氰化物就能殺死一個成年人，大概只占體重的 0.0001%。相較之下，二氧化碳目前占大氣層的 0.04%，而且是強烈的溫室氣體。此外，氮占大氣層的 78%，但卻不太會起反應。

我們看到的每項數據資料都經過校正或微調，只為了顯示全球暖化。

對於不常接觸科學的人來說，這似乎是整體「氣候變遷已經發生」論點的最大問題。如上所示，涵蓋過去 150 年的所有氣候資料集，都需要某種程度的調整，但這是科學過程的一部分。例如二〇一二年時，穆勒與他的柏克萊團隊發表了他們校勘過的全球氣溫紀錄，顯示過去 250 年來，氣溫增加了攝氏 1.5 度。這比其他估計值高出很多，因為柏克萊團隊沒有校正全部的氣候紀錄。科學循序漸進往前，對於使用的資料集也會越來越了解。

對所有數據及其詮釋的不斷質疑，正是科學的核心力量：每一次的新校正或調整，都是因為對數據資料和氣候系統有了更深的理解，因此每一項新研究都會增加我們對結果的信心。這就是為何 IPCC 會提到「證據權重」，因為如果能從截然不同的來源得到類似的結果，我們對於科學的信心就會增加。

最近全球氣溫改變，是因為太陽改變的緣故。

否認者和氣候科學家都同意，太陽黑子和火山活動的確會影響氣候和全球氣溫。兩個陣營的差別在於，否認者想把這些自然變化當成氣候的主要控制因素。證據顯示，在 11 年的太陽週期中，太陽能量輸出的變化大約是 0.1%，會影響到平流層中的臭氧濃度、氣溫及氣流。這些改變對於地面溫度的影響很小。圖 15 顯示從一八八〇年起，太陽輻射逐漸增加，一直到大約一九五五年時達到巔峰，之後就開始減少。因此過去 50 年來，儘管全球氣溫劇烈增加，太陽的輸出其實減少了。

過去 150 年來，氣候的顯著變化都有紀錄，這些變化與過去至少 2,000 年內的改變有顯著的不同，包括平均全球氣溫增加攝氏 1.1 度、海平面上升超過 24 公分、降水的季節及強度顯著改變、天氣模式改變、格陵蘭及西南極洲冰層加速融化、北極海冰及幾乎各大洲的冰河都顯著後退。

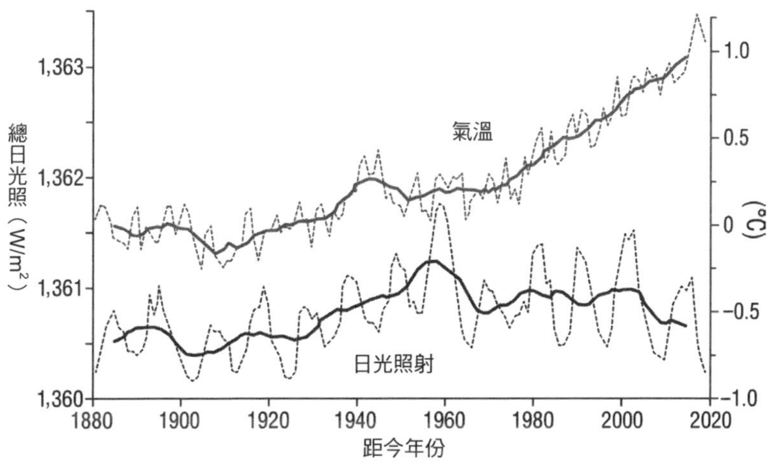

圖 15　太陽黑子與全球氣溫。

根據美國國家海洋暨大氣總署的統計，一八八〇年到二〇二〇年之間紀錄上最溫暖的 10 個年份，全都出現在過去 15 年中，其中二〇二〇年與二〇一六年並列最暖，接下來是二〇一九年、二〇一五年、二〇一七年、二〇一八年、二〇一四年、二〇一〇年、二〇一三年及二〇〇五年。IPCC 報告指出，氣候變遷的證據明確而不容置疑，暖化是由於人類排放溫室氣體而造成，這一點也高度可信。這個說法有六大佐證：

一、大氣層中的溫室氣體增加已由測量證實，氣體的同位素組成顯示，大部分額外的碳都來自於燃燒化石燃料。

二、實驗室及大氣層中的測量值顯示，這些氣體會吸收熱能。

三、過去一個世紀以來，全球氣溫及海平面顯著上升。

四、其他顯著的變化出現在冰凍圈、海洋、陸地和大氣中，包括冰層、海冰及冰河後退，還有極端天氣事件，這些全都可直接歸因於氣候變遷的衝擊。

五、有明確的證據顯示，包括太陽黑子和火山爆發在內的自然歷程，無法解釋過去 100 年來的暖化趨勢。

六、對於過往較長期的氣候變遷，以及溫室氣體在調節地球氣候的關鍵地位，如今我們有了更深入的了解。

第四章
建立未來氣候的模式

整個人類社會的運作有賴於對於未來天氣的預測，例如印度的農夫知道來年的季風雨何時會落下，所以知道何時該栽種作物；印尼的農夫知道每年有兩次季風雨季，因此明年會有兩次收成。這是根據他們對過去的知識與認知，因為在大家的記憶中，每年的季風總在相同的時間出現。但是這種預測需求其實更深遠地影響著我們生活的每個部分，我們的房屋、道路、鐵路、機場、辦公室、汽車以及火車等等，全都是依照當地氣候來設計的。例如在英格蘭，所有的房屋都有中央供暖系統，因為室外溫度通常低於攝氏 20 度，但不會有冷氣空調，因為氣溫很少超過攝氏 26 度。在澳洲則是相反：大部分的房屋都有冷氣空調，但很少有暖氣設備。如今預測未來天氣很重要，因為我們不能再依賴過去的天氣紀錄來告訴我們未來會發生什麼事。我們也需要了解自己的行動會有什麼後果，例如要是繼續以目前的速度排放溫室氣體，會發生多少氣候變遷？因此我們必須發展出新方法，以了解可能的未來，我們運用模式推演未來（圖 16）。

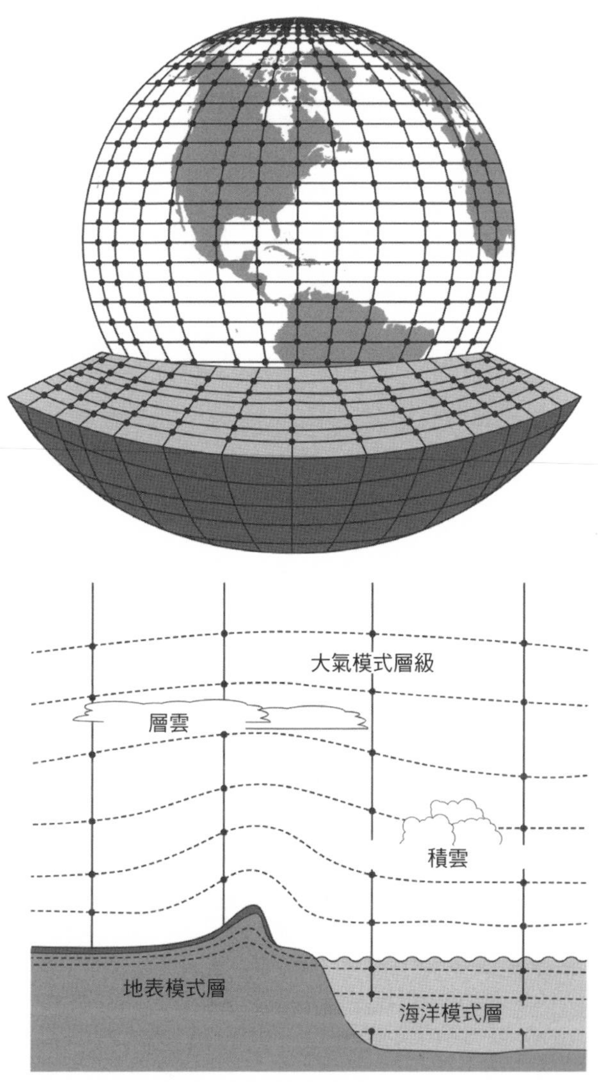

圖 16　全球氣候模式的一般結構。

模式

氣候模式有許多層級，從相對簡易的箱型模式（box models）到極度複雜的立體大氣環流模式，每種模式對於研究和進一步了解全球氣候系統皆有其作用。用來預測未來全球氣候的是複雜的立體大氣環流模式，這些綜合的氣候模式基於物理定律，使用數學方程式在全球範圍的立體格網上計算。要想獲得最接近真實的模擬結果，氣候系統中所有的主要部分都必須以子系統呈現，包括大氣、海洋、陸地表面（地形學）、冰凍圈和生物圈，還有各子系統內的物理與化學過程與各子系統間的相互作用。

過去 40 年來，氣候模式有了長足的進展，因為我們對於氣候系統的知識增加，還有電腦運算能力近乎指數級的成長。從一九九〇年 IPCC 發表第一份報告以來，一直到二〇二一年的最新報告，模式的空間解析度有了重大改善。最新一代的大氣環流模式在大氣層、陸地和海洋中都有多層結構，且空間解析度每 30 公里乘 30 公里一格點。模式通常會以每半小時為單位進行計算和模擬。不過許多物理過程，像是大氣化學、雲的形成、氣溶膠（懸浮在空氣的微小顆粒）

的產生及運動，以及海洋對流，發生在比主要模式能分辨的更小尺度內。小尺度過程的結果必須合併在一起，稱為「參數化」（parameterization）。這些參數化模式全都以各別的「小尺度過程模式」檢查，以驗證把小規模影響擴大之後的效力。

這些模式中最大的未知數不是物理學、化學或生物學，而是估計未來 80 年內，全球溫室氣體的排放量，因為當中變數很多，從全球經濟到個人生活方式都是。因此必須多次執行個別模式，考量不同的排放情境，以提供未來可能發生的各種變化。

事實上，IPCC 最新（第六次）評估報告（AR6）就彙整了多次執行的成果，利用 100 多個不同的氣候模式，由 49 個不同的國際建模團隊所產出，全都是最新（第六次）耦合模式對比計畫（CMIP6）的一部分。

當然隨著電腦處理能力持續增加，耦合氣候系統的呈現和空間尺度也會持續進步。

碳循環

氣候模式的核心是碳循環，對於估計人為二氧化碳和甲烷排放的去處很關鍵。地球的碳循環很複雜，既有大量二氧化碳來源，也有許多碳匯。目前有半數碳排放由天然的碳循環吸收，最後沒有進入大氣層，而是在海洋和陸地上的生物圈裡。圖 17 顯示了以 GtC（=10 億噸）為單位的全球碳儲量和碳通量（每年的碳進出量）。這張圖顯示出從工業革命以來的變化，越多越多證據表明，許多碳通量可能在年度間有很大變化。

這是因為相較於這類示意圖所傳達的靜態畫面，碳系統是動態的，並且會依據每季、每年和每 10 年的不同時間尺度，與氣候系統耦合。我們已經很清楚，海洋表面和陸地生物圈每年各吸收了將近 25% 的碳排放。隨著海洋持續暖化，能吸收的溶解相二氧化碳越來越少，表示海洋的接收率會減少。而人類持續砍伐森林，大幅度改變土地利用，陸地生物圈吸收碳的能力也將會減弱。

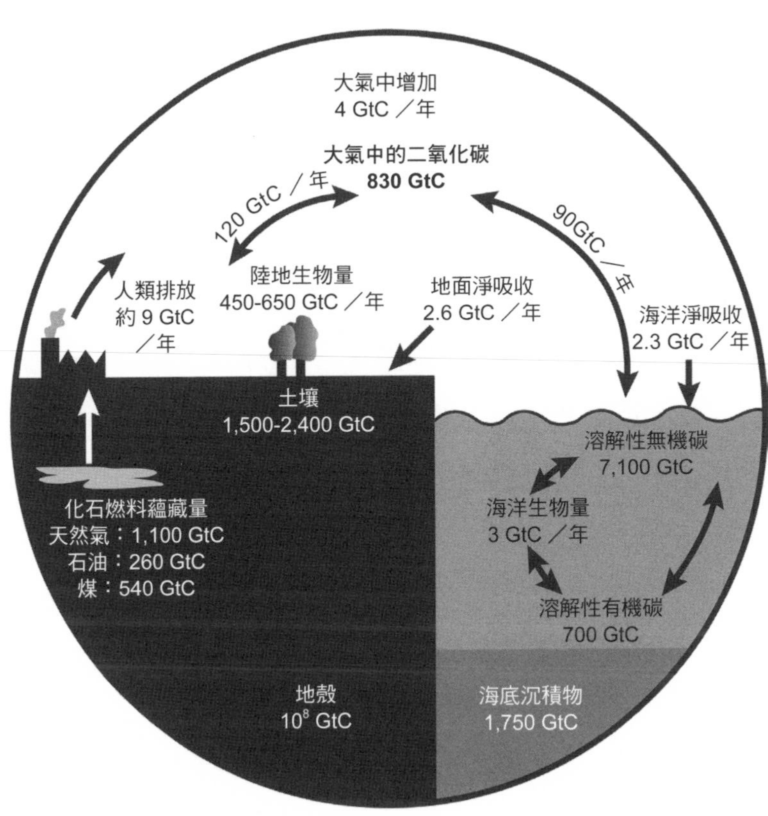

圖 17　碳循環，單位為 GtC。

暖化及冷卻效應

除了溫室氣體的暖化效應，因為地球的氣候系統很複雜，也有冷卻效應（詳見圖 18）。這包括空氣中的氣溶膠量（大多來自人類污染，像是發電廠的硫排放），對於達到地球表面的太陽輻射比例有直接影響。氣溶膠對於局部或區域氣溫的影響很大，電腦模擬的氣候變遷顯示，地球上的工業地區的升溫程度並沒有像單純從溫室氣體的增加所預測的那樣高。這種所謂的「全球黯化」（global dimming），或者更精確地說是「區域性黯化」（regional dimming），經證實與實際上的溫度和氣溶膠量度有關。水蒸氣是一種溫室氣體，但同時雲的上層白色表面也會把太陽輻射反射回太空中。每種表面的反射程度稱為「反照率」（albedo），雲和冰的反照率高，表示會反射大量的太陽輻射，遠離地球表面。大氣中的氣溶膠增加也會增加雲量，因為氣溶膠提供了基點，能讓水蒸氣成核（nucleation）。預估雲量及雲的種類，還有雲暖化或冷卻的潛能，一直是氣候科學家主要的考驗之一。

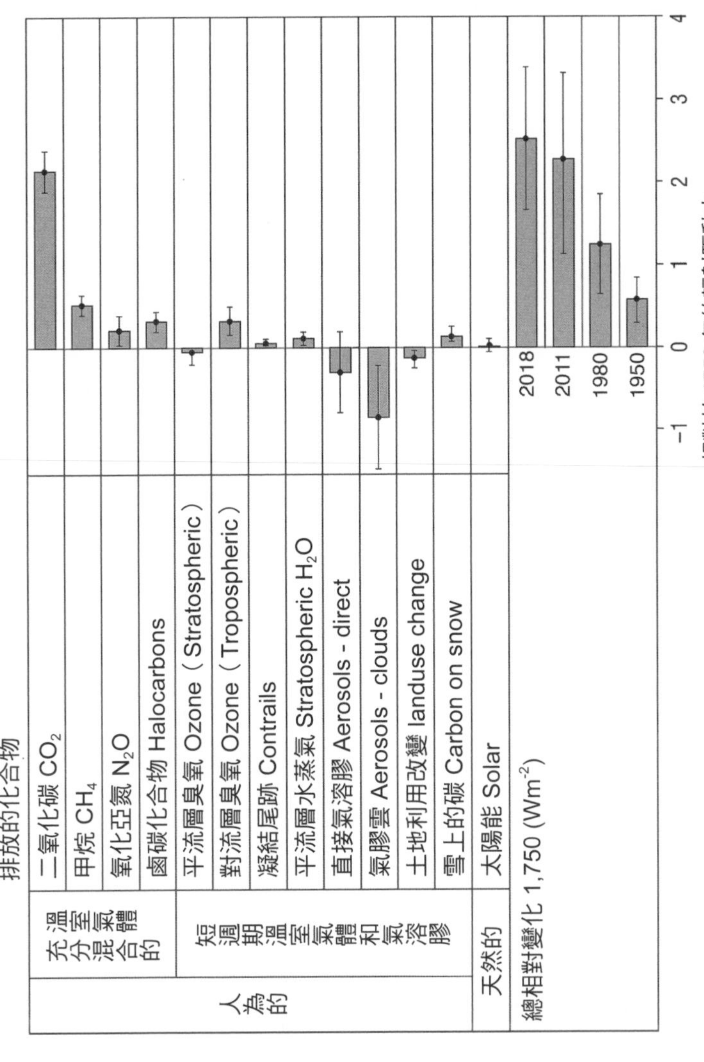

圖 18　1750 年到 2018 年之間的輻射驅動力（Wm^{-2}）。

未來的排放模式

如前所述，試圖預測未來氣候的關鍵問題，就是預測未來會產生的二氧化碳排放量。影響的因素包括人口成長、經濟成長與發展、化石燃料的使用、轉換到替代能源的速度、森林砍伐的速度，還有國際協定中減少排放協議的執行有效程度。在我們試圖建立未來模式的所有系統中，人類最為複雜，也最難以預料。如果你想了解預測未來 80 年的困難之處，不妨想像一下，如果置身一九二〇年，你會如何預測二十一世紀的世界？二十世紀初的時候，因為工業革命以及媒炭的使用，大英帝國是世界主宰強國。你會預料到在第二次世界大戰之後，全球經濟變成以石油為基礎嗎？或者是預料到汽車的使用爆炸性成長、航空旅行變得普及？即使在 30 年前，也很難預測會出現廉價航空，在歐洲、美國及亞洲提供便宜的航班。

第一份 IPCC 的報告，使用的未來百年溫室氣體排放假設，太過簡化。從二〇〇〇年起，氣候模式改用比較詳細的情境，出自 IPCC 的特別報告（溫室氣體排放情境特別報告，縮寫 SRES，二〇〇〇年）。二〇一三年 IPCC 第五次評估報告（AR5）使用了更精密的代表濃度途徑（以下簡稱 RCP），這些途徑考慮了更廣泛的社會經濟模式變數，包括人口、土地利用、能源密集度、能源利用及區域差異化發展。RCP 是根據二一〇〇年時達到的最終輻射驅動力來定義的，範圍介於每平方公尺 2.6 到 8.5 瓦特（W/m^2）。輻射驅動力（radiative forcing）是指地球接收到的陽光（輻射能）和發散回太空的能量之間的差異值，以地球表面每平方公尺的瓦特數來測量。二〇二一年 IPCC 第六次評估報告加上了 RCP1.9，代表著二〇一五年《巴黎協定》的目標，希望能將全球氣溫控制在比工業化以前僅上升攝氏 1.5 度的範圍內。

IPCC 第六次評估報告也使用了共享社會經濟途徑（shared socioeconomic pathways，以下簡稱 SSP），開發這些途徑是為了涵蓋各種可能的未來。SSPs 是一套五種敘述情境和驅動力，可能得以塑造出未來的全球經濟和全球排放（圖 19），在二〇一七年由凱旺・芮雅希（Keywan Riahi）與同事在《全球環境變化》（*Global Environmental Change*）期刊中的一篇論文發表定義，描述如下：

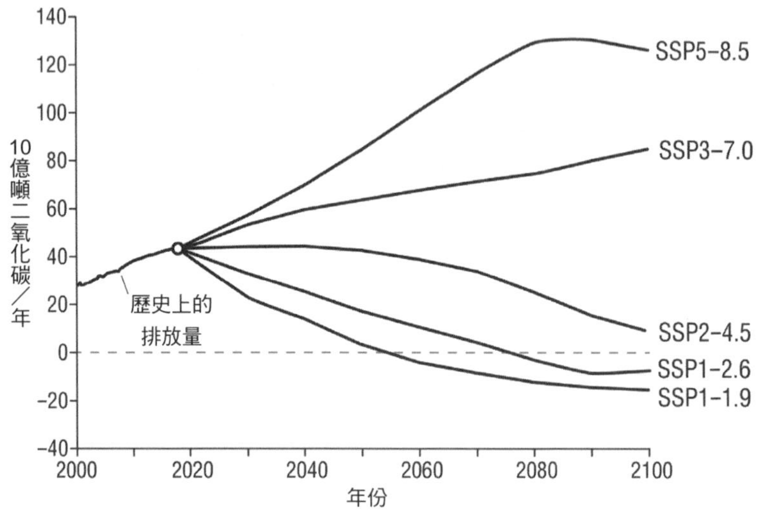

圖 19 未來的碳排放情境。

● SSP1：永續性——採取環保路線

減緩及調適的難度低：在這個情境中，全世界緩慢但持續轉移到更永續的路徑上，採取包容、具有環保意識的經濟發展。對全球共同資源的管理慢慢改善，教育及健康投資加速人口轉型，趨向人口減少。從強調經濟成長轉移到更廣泛地重視人類福祉。由於不斷致力於達成發展目標，不平等在各國之間與各國國內都減少了。消費趨向於低物質成長，使用的資源和能源密集度更低。

● SSP2：中間路線

減緩及調適的難度中等：在這個情境中，社會、經濟和科技趨勢上，世界依循的路徑與歷史模式相比沒有顯著的改變。發展與收入成長不均，有些國家的進展相對良好，其他國家則是不如預期。全球與各國機構努力實現永續發展目標，不過進展緩慢。環境系統劣化，但仍有些許改善，資源及能源使用的強度整體上有下降。全球人口適度成長，並且在本世紀後半葉保持穩定。所得依然不均，或是只有緩慢的改善，減少社會及環境變化的脆弱性依然是一大難題。

● SSP3：區域競爭——困難重重之路

減緩及調適的難度高：在這個情境中，民族主義再度崛起，對於競爭力及安全的擔憂，還有區域性衝突，促使各國越來越著重國內的議題，頂多擴及區域性。隨著時間推移，政策轉而越來越關注國家及區域安全議題。國家著重在各自的區域內達成能源及糧食安全的目標，代價是犧牲了更廣泛的發展。在這種情境中也假設對於教育和科技發展的投資也減少了。經濟發展緩慢，消費物質密集，不平等現象持續存在或變得更嚴重。工業化國家的人口成長較低，發展中國家的人口成長較高。國際上不重視解決環境問題，導致某些地區的環境嚴重劣化。

● SSP4：不平等——分化之路

減緩的難度低，但調適的難度高：在這個情境中，人力資本的投資非常不平均，加上經濟機會和政治權力的差距越來越大，導致各國之間與各國國內的不平等和階層日益加劇。漸漸地，與國際關係緊密的社會和與國際關係疏離的低收入、低教育程度社會之間，差距不斷擴大。前者促進全球經濟中知識及資本密集的領域，後者則投入勞力密集的低科技經濟。社會凝聚力瓦解，衝突和動盪越來越常見。高科技經濟的發展可觀，全球性規模的能源領域也變得多元化，既有對碳密集燃料像是煤炭及非常規石油的投資，也有對低碳能源的投資。環境政策著重在中高收入地區的地方議題。

● SSP5：使用化石燃料發展——採取高速路線

減緩的難度高，但調適的難度低：在這個情境中，世界對於競爭市場、創新及參與社會產生越來越大的信心，認為這能夠實現快速技術進步、開發人力資本，成為永續發展的途徑。全球市場日益融合，也大力投資健康、教育和各種機構，增進人力及社會資本。在推動經濟及社會發展的同時，並且開發利用豐富的化石燃料資源，世界各地採用資源密集及高耗能的生活方式。這些因素全都導致全球經濟快速成長，全球人口在二十一世紀時達到巔峰，並且開始減少。成功處理了像空氣污染這類地方上的環保問題，大家相信能夠有效管理社會及生態系統，必要的話，也可以透過地球工程學來達成。

這些情境敘述描繪出未來社會可能採取的不同途徑。SSP1 及 SSP5 對於人類發展抱持樂觀的態度，兩者都有「大量投資教育和健康、快速經濟成長及良好運作的機構」。差別在於 SSP 5 非常依賴化石燃料能源，而 SSP 1 則採取轉移到再生能源的方法。SSP 3 及 SSP 4 對於未來抱持悲觀的態度，而 SSP 2 正如其名所述，是中間路線的情境。

IPCC 第六次評估報告中使用的情境，結合了 SSP 和 RCP，提供了清楚的描述和結果。這是因為 SSP 沒有包含任何減緩措施，因此高排放的全球經濟可以利用大量減緩來實現較低濃度的途徑。如果去檢視所有的 SSP 和 RCP 組合，就會發現有些情境極度不可能，有些則是幾乎不可能，例如 SSP 5 和 RCP1.9。IPCC 第六次評估報告著重在五個主要情境，分別是 SSP 1 和 RCP1.9、SSP 1 和 RCP2.6、SSP 2 和 RCP 徑 4.5、SSP 3 和 RCP7.0、SSP 5 和 RCP8.5（詳見表 2）。

表 2　定義代表濃度途徑

代表濃度途徑（RCP）	描述
RCP8.5	上升輻射驅動力達到 8.5 W/m^2（二氧化碳大約 1,000 ppm，介於 2081 年到 2100 年之間）
RCP7	穩定路徑達到 7 W/m^2（二氧化碳大約 800 ppm，介於 2081 年到 2100 年之間）
RCP4.5	穩定路徑達到 4.5 W/m^2（二氧化碳大約 600 ppm，介於 2081 年到 2100 年之間）
RCP2.6（又稱為 RCP3PD）	輻射驅動力在大約 3 W/m^2 達到高峰（高峰大約二氧化碳 490 ppm，接著負排放達約二氧化碳 450 ppm，介於 2081 年到 2100 年之間，再來是 2100 年時的 2.6 W/m^2）
RCP1.9（又稱為 1.5℃情境）	輻射驅動力在大約 1.9 W/m^2 達到高峰（高峰大約二氧化碳 400 ppm，介於 2081 年到 2100 年之間；全部的 SSP 都需要全球負排放才能達成此途徑）

建立不確定因素的模式

在最新近的 IPCC 第六次評估報告中，過去及未來的排放情境使用在大約 100 個不同的獨立大氣環流模式中。每個模式都有各自獨立的設計，將關鍵過程參數化。模式的獨立性很重要，因為在不同模式上多次執行，如果能得到類似的未來氣候預測，就能從中獲得可信度。此外，模式之間的差異也有助於我們了解這些模式各別的侷限和優點。在 IPCC 中，由於政治上的權宜之計，每個模式及其輸出都認定具有同等效力。儘管事實上我們已經知道，在實際檢測之下，從歷史和古氣候紀錄來看，某些模式的表現比較好。再者，雖然我們了解單一模式中的不確定因素，將之量化並套用在許多模式中的概念，但目前還缺乏實際的理論背景或基礎。IPCC 結合所有每次執行使用的模式，呈現出平均值以及模式之間的不確定因素。如此一來，就能清楚看出模式之間輸出的差異性，不過整體而言還算一致，並且根據我們採取的情境呈現出截然不同的未來。IPCC 二〇二一年的報告中，不確定因素略高於之前的報告。這是因為我們對過程更加了解，也有能力去量化知識中的不確定因素。因此儘管我們對於氣候模式的信心增加了，特定溫室氣體驅動力可能的解答範圍也增加了。測試模式及其不確定因素的方法之一，是去比較預測和真實世界的結果。耦合氣候模式對比計畫三（CMIP3）在二〇〇一年的 IPCC 第三次評估報告之前進行，我們可以利用那些模式預測，來對照接下來 20 年的實際數據資料。如圖 20 所示，早期氣候模式的世界暖化預測很不錯，現在我們有 20 幾年可以改進這些模式，擴充我們在預測中使用的數量。

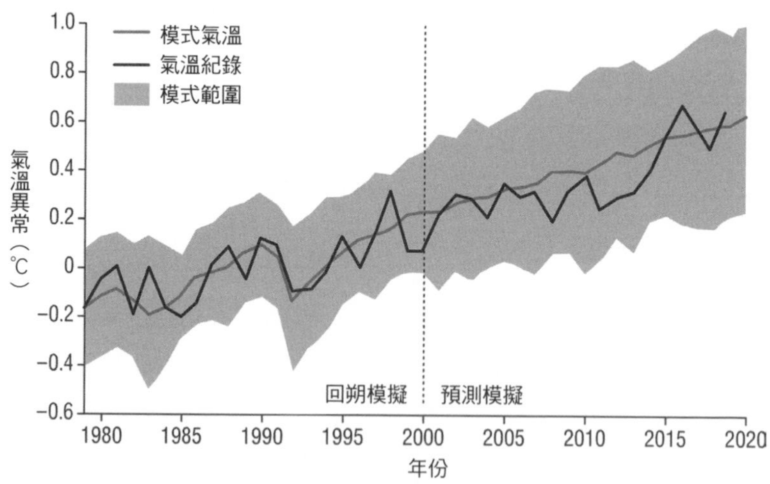

圖 20　氣候模式預測對照氣候數據資料（2000 年到 2020 年）。

未來的全球氣溫、降水、海冰、海平面

在 IPCC 二〇二一年的報告中，五種 SSP 及 RCP 的組合分別執行了 10 到 36 種氣候模式，產生了二一〇〇年時可能發生的情境，包括未來的全球氣溫、降水、海冰以及海平面變化。這些氣候模式顯示，根據我們的溫室氣體排放量，全球地面溫度可能在二〇八一年到二一〇〇年之間，比工業化以前（一八五〇年到一九〇〇年）上升攝氏 1.3 度到 5.5 度（詳見下頁表 3）。除了 SSP 1 和 RCP1.9 的組合以外，在所有的情境中，全球氣溫都會在二〇二一年到二〇四一年之間上升超過攝氏 1.5 度，預估最有可能發生在二〇三〇年。模式也顯示，氣溫上升的分布不均，陸地上將會出現最大幅度的上升。

未來的海平面上升取決於我們依循哪種 SSP，在本世紀末的最後 20 年間，可能會在 0.32 公尺到 0.82 公尺之間（表 3 及圖 21），加上已經發生的上升 20 公分，代表總上升值會是 0.52 公尺到 1.02 公尺。如果我們看看二一〇〇年的海平面最終預估，模式顯示全球平均海平面增加 27 公分到 98 公分。這個預估值近似 IPCC 二〇〇七年的報告，不過更為

表 3　氣溫、降水及海平面預估

SSP	**2081-2100 年的全球氣溫變化（℃）〔相對於前工業時期〕**	**2081-2100 年的全球海平面上升（公尺）〔相對於 1990-2014 年〕**	**2081-2100 年的全球降水量上升（%）〔相對於 1990-2014 年〕**
SSP5-8.5	4.7（3.4-5.5）	0.73（0.50-1.07）	8.2%（2.5-13.8%）
SSP3-7.0	3.9（2.8-4.6）	0.65（0.41-1.00）	5.5%（0.5-10.4%）
SSP2-4.5	2.9（2.1-3.3）	0.55（0.28-0.89）	4.7%（1.7-6.4%）
SSP1-2.6	1.9（1.4-2.2）	0.41（0.29-0.71）	3.2%（0.7-5.6%）
SSP1-1.9	1.5（1.1-1.7）	尚未完成	2.7%（0.6-4.8%）

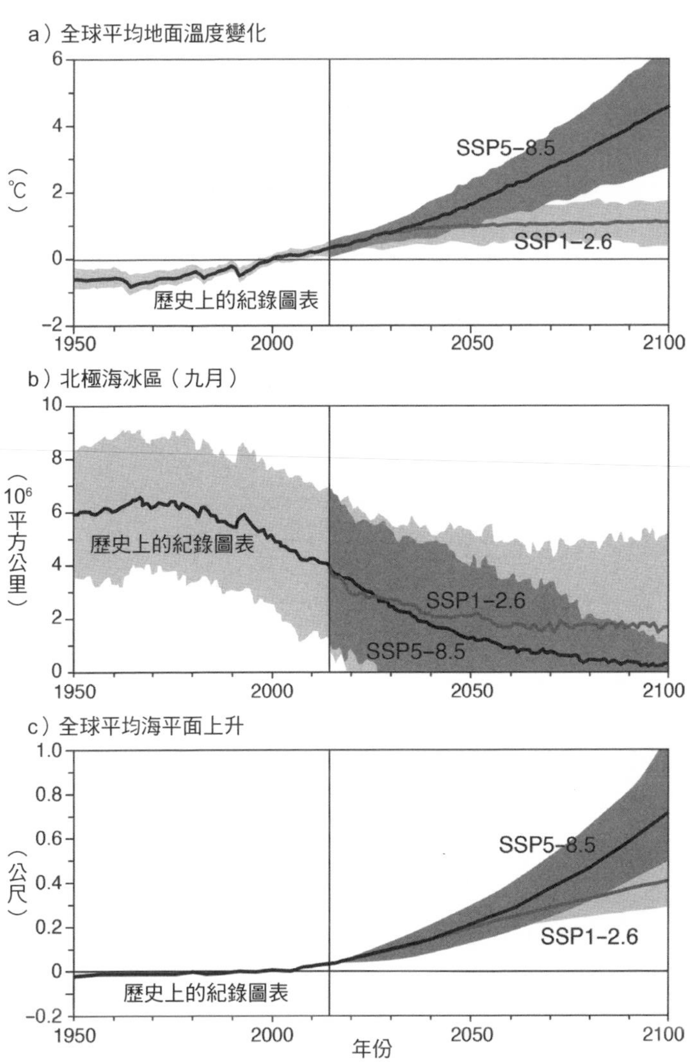

圖 21　21 世紀的全球氣溫、北極海冰及海平面。

極端，報告中認為到二一〇〇年時，海平面上升會在 28 公分到 79 公分之間。

在全部五種 SSP 中，陸地及海洋平均降水都很可能增加（詳見表 3）。相對於一九九五年到二〇一四年，到了二〇八一年至二一〇〇年時，在低排放情境 SSP 1 和 RCP1.9 中，全球年平均陸地降水會增加 2.7%（範圍是 0.6 到 4.8%），在高排放情境 SSP 5 和 RCP8.5 中，則會增加 8.2%（範圍是 2.5 到 13.8%）。依據全部的情境，全球暖化每增加攝氏 1 度，平均陸地降水大約會增加 1% 到 3%。在情況最糟的三種 SSP 組合中（SSP 2 和 RCP4.5、SSP3 和 RCP7.0 以及 SSP 5 和 RCP8.5），到二〇八一年至二一〇〇年之時，北冰洋在九月（最少冰的月份）實際上將不會冰凍（覆蓋率低於 100 萬平方公里）。

氣候變遷否認者怎麼說？

想總結建立氣候變遷模式所面臨的問題，最好的方式就是看看氣候變遷否認者怎麼說。

不同模式產生的結果不同，那怎麼能相信呢？

這種反應常見於不熟悉建模的人，因為這些人覺得，科學一定要能夠準確預測未來。然而在生活中的其他領域，我們卻不會期待有這樣的精確度。例如你絕對不會指望完美預測賽馬的贏家是哪匹馬，又或者是哪個足球球隊會獲勝。事實上，沒有一個氣候模式是完全正確的，因為氣候模式提供的是各種可能的未來。我們對於未來的看法，可以透過利用多種模式來加強，因為負責開發每個模式的科學家團隊來自世界各地，使用不同的假設、不同的電腦、不同的程式語言，因此提供了各自獨立的未來預測。科學家之所以對模式的結果有信心，是因為關於未來 80 年的全球氣溫和海平面，他們全都預測出相同的趨勢。IPCC 二〇二一年報告的優點之一，在於使用了百餘個不同的模式，來自全球 49 個不同的建模團體，相較之下，二〇一三年的報告只用了 40 個模式，二〇〇七年 23 個、二〇〇一年則只有 7 個。

氣候模式對於二氧化碳太過敏感。

為了駁斥氣候變遷的重要性，許多否認者指出，這些模式對於溫室氣體的變化過分敏感。這是典型的「沒有你想的那麼糟」論述。有這麼多氣候模式的優點在於，科學家也可以估計他們對於模式結果的信心程度，檢查各模式相較於其他模式和真實世界數據的敏感度。氣候模式的主要測試之一是平衡氣候敏感度（ECS），由模式預測如果工業化之前的二氧化碳含量加倍，全球氣溫會改變多少。結果與過去 50

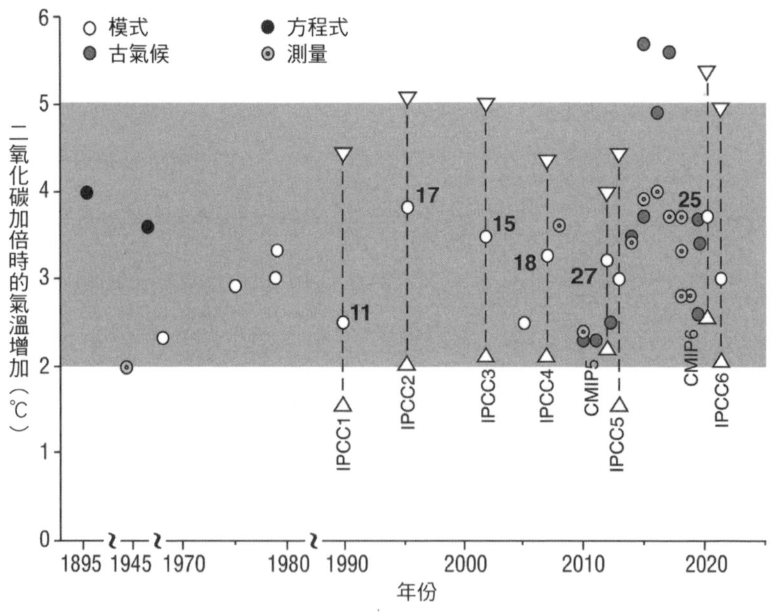

圖 22 平衡氣候敏感度。

幾年（詳見圖 22）非常一致，IPCC 二〇二一年報告指出，最新模式中的範圍介於攝氏 2.50 度到 5.43 度之間（平均攝氏 3.74 度），與其他的測量結果一致。

氣候模式無法重建自然變異。

許多氣候變遷否認者認為，當前的暖化趨勢是由於自然變化所導致。但是科學家已經在氣候模式中考慮了全部的自然變數，包括會讓氣候冷卻的因素。綜合我們所有的科學知識，涵蓋造成氣候暖化及冷卻的自然因素（太陽、火山、氣溶膠和臭氧）以及人為因素（溫室氣體和土地利用改變），顯示過去 150 年間所觀察到的暖化現象，100% 是由人類所造成的。

雲可以對全球氣候產生負回饋，減輕氣候變遷的影響。

從一九九〇年 IPCC 發表第一份報告以來，模式中一直存在的不確定因素之一，就是雲的作用以及雲和輻射之間的交互作用。雲可以吸收及反射輻射，因此能夠冷卻地表，也可以吸收及散發長波輻射，暖化地表。這些效應之間的競爭取決於一些因素：高度、厚度及雲的輻射特性。輻射特性和雲的形成及發展，取決於大氣中水蒸氣、水滴、冰粒、大氣氣溶膠和雲層厚度的分布。氣候模式中的雲如何呈現或參數化的物理基礎已經大有改善，其中包括透過在雲水平衡方程式中加入雲微物理特性的表現。圖 18 顯示，即使在雲上套用最極端的冷卻值，由溫室氣體所造成的暖化因素仍然是其三倍大。

氣候變遷一定是銀河宇宙射線（GCRs）造成的。

銀河宇宙射線是一種高能輻射，源自於太陽系之外，甚至可能來自於遙遠的星系。有人認為銀河宇宙射線可能有助於種雲或「造雲」，因此到達地球的銀河宇宙射線減少，表示雲量也會減少，造成反射回太空的陽光變少，導致地球變暖。

這種想法有兩個問題。首先科學證據顯示，銀河宇宙射線種雲的效果不佳，再來是過去 50 年中，銀河宇宙射線的通量事實上有增加，達到近年來的最高紀錄。如果這個想法正確，那麼銀河宇宙射線應該要能冷卻地球才對，但事實並非如此。

未來氣候變遷的建模是為了要了解氣候系統的基本物理過程，在 IPCC 二〇二一年的科學報告中，制定了五個新的排放情境，使用了更廣泛的社會經濟模式輸入，包括人口、土地利用、能源密集度、能源利用及區域差異化發展，其中排放途徑 SSP 1 和 RCP1.9 的制定，是為了向決策者展示，要如何才能實現二〇一五年巴黎氣候變遷會議的目標，追求只上升攝氏 1.5 度的暖化。IPCC 的情境中使用了 100 多種氣候模式，提供了大量的「證據權重」。利用三種主要的實際碳排放途徑，在接下來的 80 年，氣候模式顯示全球平均地面溫度到二一〇〇年時，將會上升攝氏 2.1 度到 5.5 度。但是我們必須記住，全球氣溫不會在二一〇〇年之後就停止變化。圖 23 顯示，氣溫有可能持續上升，超過這個世紀的範圍，端看我們選擇了哪種排放途徑。利用三種主要實際的碳排放途徑，模式也預測到二一〇〇年時，比起工業化之前，全球平均海平面將會上升 0.5 公尺到 1.3 公尺。

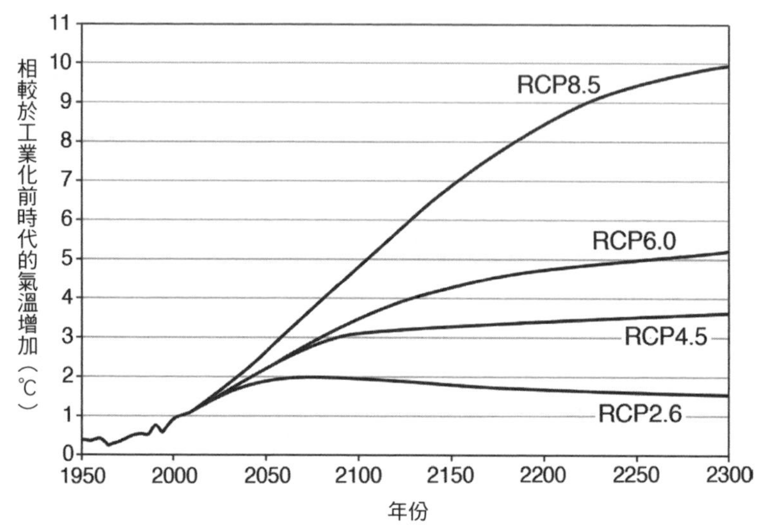

圖 23　全球地面溫度（1950 年到 2300 年）。

第五章
氣候變遷的衝擊

本章將評估氣候變遷的潛在衝擊，以及隨著暖化增加會如何改變衝擊的規模和強度。IPCC 的《衝擊、調適與脆弱度》（Impacts, Adaptation and Vulnerability）報告，提出了氣候變遷對地區和不同領域的潛在影響，像是淡水資源、生態系統、海岸及海洋系統、糧食安全及人類健康。氣候變遷在國家和地方層級的影響程度及規模也需要估算。有一些很不錯的國家報告和工具，例如《美國國家氣候評估報告》（US National Climate Assessment）、《英國氣候衝擊計畫》（UK Climate Impacts Programme），兩者都有互動工具能了解各自國內可能發生的氣候變遷影響。在本章中，潛在衝擊將會分成下列幾項：極端高溫及乾旱、暴風雨及水災、農業、海洋酸化、生物多樣性及人類健康。

何謂危險的氣候變遷？

對於決策者來說，最重要的問題之一就是何謂危險的氣候變遷？因為如果要減少全球溫室氣體的排放，關於我們能夠應對的氣候變遷程度，就需要實際的目標。二〇〇五年二月，英國政府在艾克希特（Exeter）召集國際科學會議，討論的正是這個主題。這是一場非常政治的科學集會，因為英國政府想藉此尋求建議，好在格倫伊格爾斯（Gleneagles）舉行的八大工業國組織會議（G8）上提出來。當時英國不但是八大工業國組織的主席，也是歐盟主席，時任英國首相布萊爾希望能在國際上推動他的聯合議程，包括減緩氣候變遷和協助非洲脫貧。這次會議以及當時許多佐證的研究都顯示，必須限制在比前工業時代平均氣溫增加攝氏 2 度的範圍內：如果在這個門檻之下，因為區域性氣候變遷的緣故，會有贏家有輸家，但如果超過這個氣溫，人人都會是輸家。如今已證實，由於極端天氣事件的衝擊，攝氏 2 度的暖化對任何地區都沒好處。

在二〇一五年巴黎氣候變遷協商會議中，小島國家聯盟（AOSIS）以及一些關鍵發展中國家重申，即使是少量暖化也會對他們造成災難。

《巴黎協定》以攝氏 2 度為目標，再加上攝氏 1.5 度的願景。隨後在二〇一八年時，IPCC 針對全球暖化攝氏 1.5 度發表了特別報告，這份報告也支持這樣的降低目標，顯示介於攝氏 1.5 度和 2 度之間的暖化，對於地區和國家氣候變遷的衝擊也會有顯著的增加。

極端事件及社會的應對範圍

氣候變遷最大的問題是我們無力預測對未來的影響。從北極到撒哈拉沙漠，人類可以在極端的氣候中存活下來，甚至過得不錯。不過一旦超出當地氣候可預料的極限，就會發生問題。例如某個地區的熱浪、暴風雨、乾旱和水災，在另一個地區可能算是相當正常的天氣。這是因為每個社會有其應對範圍，能處理一定範圍內的天氣。圖 24 顯示結合社會應對範圍和氣候變遷在理論上的影響。在目前的氣候中，應對範圍幾乎涵蓋所有的天氣變化，或許只有一、兩個極端事件，可能是 200 年一次的事件，超出了社會的應對能力。隨著氣候慢慢變化至新的平均值，如果應對範圍維持不變，那麼就會發生更多的極端事件，200 年一遇的事件可能會變成 50 年一次。好消息是社會應對範圍靈活可變通，能調適不斷改變的基線和更頻繁的極端事件——只要有強大的氣候科學，能提供清楚的指引，讓人們知道會發生怎樣的變化。社會應對範圍擴展的速度，取決於社會受影響的層面：個人行

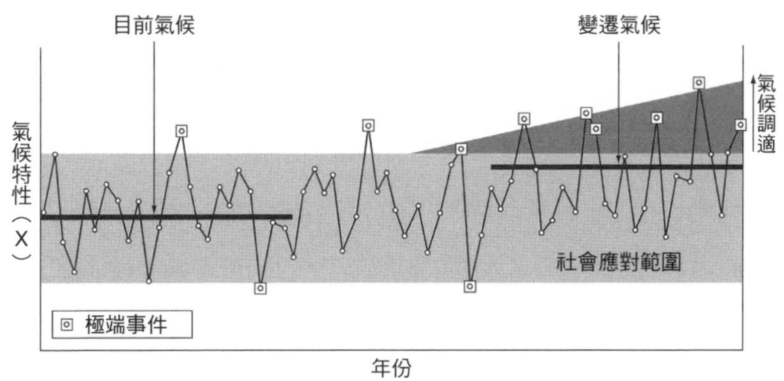

圖 24　氣候變遷、社會應對範圍及極端事件。

為的調適可以很快速，但興建主要基礎建設可能需要數十年時間。氣候變遷的最大挑戰之一，就是要建立靈活有調適力的社會，能夠調適不斷變化的未來。

極端高溫、乾旱及野火

隨著全球氣溫上升，熱浪也增加了。由於降水變得反覆無常，大多集中在更密集的強降雨事件，乾旱期變得更長，乾旱增加。極端高溫加上乾旱，造成更多的森林野火。

熱浪經常被稱作是「無聲殺手」，多半危害老年人，尤其是持續夜間高溫容易致死，因為老年人在睡眠時對體溫的調節能力較差。《刺胳針倒數》（Lancet Countdown）二〇二〇年報告從一九八〇年開始追蹤 65 歲以上人口的全球熱相關死亡率，報告顯示從二〇一〇年起，年長者遭受高溫影響的情況急遽上升，原因是熱浪事件增加，再加上人口老化。二〇一九年時，創下破紀錄的 4.75 億件熱危害事件，為老年人的生命健康帶來極大威脅。

不過熱浪和乾旱是相對詞，取決於發生的地點，以及該地區是否已經採取調適措施。二〇〇三年的歐洲熱浪據估計造成 70,000 人死亡，受創最重的是法國，八月的前三週就有 14,800 人死亡，其中巴黎的死亡人數增加了 140%。二〇〇三年的熱浪發生之後，人們意識到許多死亡都是因為公共衛生應變不堪一擊所造成的。因此許多國家的政策有了重大改變，包括改進熱浪預測和緊急應變措施、改善醫院和養老院的建築設計及空調、增加醫療專業人員的訓練、加強負責任的媒體報導及健康建議及規畫定期拜訪社會中最脆弱的族群。這些在整個歐洲施行的新政策讓接下來二〇一八年發生熱浪時，避免了大量死亡。了解氣候變遷影響的困難之一在於，人類和社會可以很快調適新情況。圖 25 顯示了二〇〇三年的歐洲熱浪，背景是過去 100 年的夏季氣溫以及未來 100 年的預測氣溫。我們可以清楚看到，二〇〇三年的熱浪氣溫，可能會是二〇五〇年的平均夏季氣溫，而且仍然有可能發生超越這個基線以上的熱浪。調適熱浪需要規畫、資源及資金，因此儘管在歐洲大部分地區可行，但由於貧窮和缺乏良好的治理，世界上還有許多地區做不到這樣的準備。

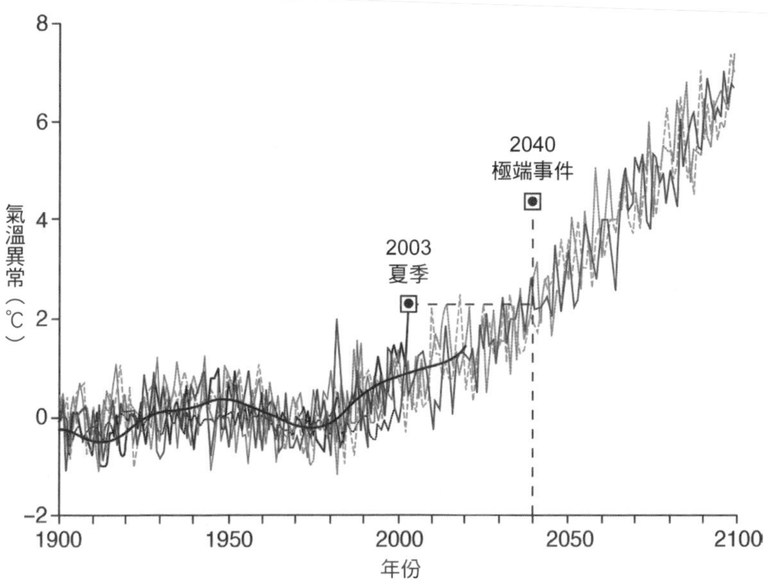

圖 25　2003 年熱浪與過去及未來夏季氣溫比較。

乾旱也是應該考慮的主要致命問題。乾旱是指某個地區長期供水不足，包括地表水或地下水，可能持續數月或數年，通常是因為該地區的降雨量持續低於平均所致。乾旱對於當地的生態系統及農業影響重大，包括作物生長及產量下降、損失牲口。雖然乾旱可能持續好幾年，但即使是短暫的嚴重乾旱，也會對當地經濟造成重大損害。長期乾旱會導致饑荒、大規模的人口遷徙及人道危機。從疾病的觀點來看，乾旱比水患更糟，因為缺乏新鮮的可飲用淡水，停滯的死水池也會帶來疾病。與一九八六年到二〇〇五年之間相比，二〇一九年時受到長時間乾旱影響的全球陸地面積幾乎增加了三倍。氣候變遷的主要問題之一，就是容易遭受乾旱的地區將會更常發生乾旱，而從未出現乾旱的地區，也會開始經歷乾旱。

在二〇一六年到二〇一九年之間，與二〇〇一年到二〇〇四年的基線期相比，196 個國家中有 114 國的野火風險增加了。這段期間內，全球每天增加將近 72,000 人遭受野火危害，顯著增加的地區包括澳洲、南半球的非洲、巴西和美國，其中美國在二〇一七年、二〇一八年和二〇二〇年發生了破紀錄的野火。

二〇一九年到二〇二〇年的澳洲叢林大火季稱為「黑色夏季」，由於創紀錄的高溫和長期乾旱，整個夏季發生數百場火災，主要在澳洲東南部。據估計火災延燒 72,000 平方英里土地，摧毀了近萬棟建築物，至少造成 450 人和 10 億隻動物喪生，某些瀕危物種可能因此滅絕。隨著極端高溫及乾旱的發生率增高，野火的風險也會在全世界持續增加。

暴風雨和洪水

暴風雨和洪水是主要的自然災害，過去 20 年來，全球保險損失有四分之三是出於這兩個原因，並且造成一半以上的天災致死人數及經濟損失。因此，了解未來可能發生的狀況變得至關重要。證據顯示，過去 50 年來，溫帶地區的暴風雨變得頻繁，尤其是在北半球。從二〇〇五年起，洪水事件就呈現上升趨勢，與一九八六年到二〇〇五年期間相比，二〇一九年全球洪水面積幾乎達三倍之多（占全球陸地面積的 0.55% 到 1.5%）。這並非在某個特定區域增加所造成的，而是全球各地諸多事件增加所致。氣候模式顯示，豪大雨的降雨量比例增加了，而且還會持續下去，每年的變異也會增加，這會增加洪水事件的頻率和規模。

全世界有五分之二的人口生活在季風帶，帶來了滋潤的雨水。季風是由大陸和海洋之間的溫差所造成的，在北半球的夏季，當陸地變得比相鄰的海洋暖和時，水分充足的地表空氣從印度洋吹向亞洲大陸，從大西洋吹向西非。在冬季，陸地變得比相鄰的海洋涼爽，高氣壓在地表形成，導致地表風吹向海洋。氣候模式顯示，未來 100 百年由於全球暖化，夏季季風的強度可能會增加，會發生這種情況的原因有三：（1）全球暖化導致夏季大陸氣溫比海洋氣溫上升更多，這是季風系統的主要驅動力；（2）世界暖化，預料中西藏的雪量會減少，陸地和海洋之間的溫差變大，將增強亞洲夏季季風的強度；（3）氣候變暖表示空氣能夠吸收更多的水蒸氣，季風就會挾帶更多濕氣。對於亞洲夏季季風來說，這可能表示平均降雨量會增加 10% 到 20%，年際降雨變率為 25% 到 100%，豪大雨的天數暴增。模式中最令人擔憂的發現是年際降雨變率據預測將會加倍，使得預測每年的降雨量變得非常困難——這對農民來說是非常重要的資訊。

氣候變遷科學中，比較具爭議的領域之一是研究及預測未來的熱帶氣旋，更常見的名稱是颱風或颶風。證據明確顯示，過去 40 年來，在北大西洋、南印度洋和太平洋，颶風的數量及強度都增加了，這是因為颶風的數量及強度與海面溫度直接相關。由於颶風只會在海面溫度高於攝氏 26 度的時候開始形成，所以世界變暖，颶風變多，似乎很合乎邏輯。然而颶風實際形成比發生的機會少多了，熱帶海洋降壓中心只有 10% 會形成完全成熟的颶風。其他考量像是讓上升氣流旋轉開始的風切，也必須納入，才能了解熱帶風暴的成因。在發生率高的那一年，或許最多會有 50 個熱帶風暴發展成颶風規模。我們很難去預測災難的規模，因為颶風的數量不是重點，關鍵在於颶風沒有登陸，以及一旦登陸後，強度多大，又維持多久。

颶風襲擊已開發國家時，主要的影響通常是經濟損失，但到了發展中國家就是人命的損失。例如二〇〇五年襲擊美國紐奧良（New Orleans）的卡崔娜颶風（Hurricane Katrina）造成超過 1,800 人死亡，超過 15,00 億美元損失。

相較之下，一九九八年重創中美洲的米契颶風（Hurricane Mitch）至少造成 1 億 1,000 多人死亡，150 萬人無家可歸，並造成 60 億美元損失。二〇一三年時，史上最強颱風之一海燕（Typhoon Haiyan）重創東南亞大部分地區，尤其是菲律賓，影響波及 1,100 萬人，造成 6,300 多人死亡，另有 1,000 人失蹤，但據報導損失只有 22 億美元。

全球氣候中最重要也最神祕的要素之一，是太平洋洋流及風的週期轉向與強度變化。這個現象起初稱為「聖嬰」（El Niño，西班牙語「基督之子」的意思），因為通常出現在耶誕節時，如今比較常被視為是「聖嬰—南方振盪」（El Niño–Southern Oscillation，以下簡稱 ENSO）的一部分，通常每 3 到 7 年發生一次，可能會持續數個月到一年以上。ENSO 是三種氣候之間的震盪：「正常」情況、反聖嬰現象（La Niña，與聖嬰相反的冷卻）及聖嬰現象。聖嬰現象與全球季風、暴風雨模式和乾旱發生的變化息息相關。一九九七年到一九九八年的聖嬰現象為有史以來最強烈，造成美國南部、非洲東部、印度北部、巴西東北部及澳洲的乾旱。在極度乾燥的情況下，印尼的森林火災一發不可收拾。

在美國加州、南美部分地區、斯里蘭卡及中非東部，出現了暴雨和嚴重洪水。

ENSO 的狀況也與大西洋上颶風的位置和分布有關，是否受到氣候變遷影響，也相當有爭議。過去 40 年來，聖嬰現象通常每兩年到六年出現一次，並且沒有明顯的模式可言。利用西太平洋的珊瑚礁重建過去的氣候，可以追溯 150 年之前的海面溫度變化，遠超出我們的歷史紀錄。海面溫度顯示，洋流的變化伴隨著 ENSO 的變化，讓我們發現聖嬰事件的頻率和強度共有兩次重大改變。首先是在二十世紀初的轉變，從 10 年到 15 年的週期變為 3 年到 7 年的週期。第二個轉折發生在一九七六年，明顯轉變成更強烈、更頻繁的聖嬰事件，發生週期變成 2 年到 4 年。氣候模式一致顯示，ENSO 未來會持續下去，在本世紀下半葉的高排放情境中，ENSO 的變異將會變得更加極端，導致更多的降雨和乾旱事件，影響熱帶風暴的數量和強度，將變得完全無法預料。

海岸

正如我們所見，IPCC 報告指出，與工業化以前的時代相比，到二一〇〇年時海平面可能會上升 50 公分到 130 公分。這個預測對於所有居住在沿海地區的人都是一大憂患，因為海平面上升會減低沿海防禦暴風雨和洪水的有效程度，並增加崖壁及海灘的不穩定性。在已開發世界，應對這種威脅的方式是把沿岸地產周圍的海堤再加高幾英尺，放棄某些品質不良的農業用地讓其沉入海中（因為保護這些農地不再划算），並且加強沿岸濕地的法律保護，因為這是自然界對抗海水的最佳防禦。從全球範圍來看，某些以小島及河口三角洲為基礎的國家，面臨的情況更為緊急（詳見圖 26）。

對於小島國家來說，例如位於印度洋的馬爾地夫和位於太平洋的馬紹爾群島，海平面上升 1 公尺就會淹沒 75% 的陸地，使得島嶼不堪居住。有趣的是，也是這些主要依賴觀光業的國家，每人平均化石燃料排放量最高。其他有風險的主要人口密集地區在河口三角洲，例如像孟加拉、埃及、奈及利亞及泰國。世界銀行（World Bank）的一份報告總結指出，在三角洲的人類活動如水壩和抽取淡水，導致這些地區

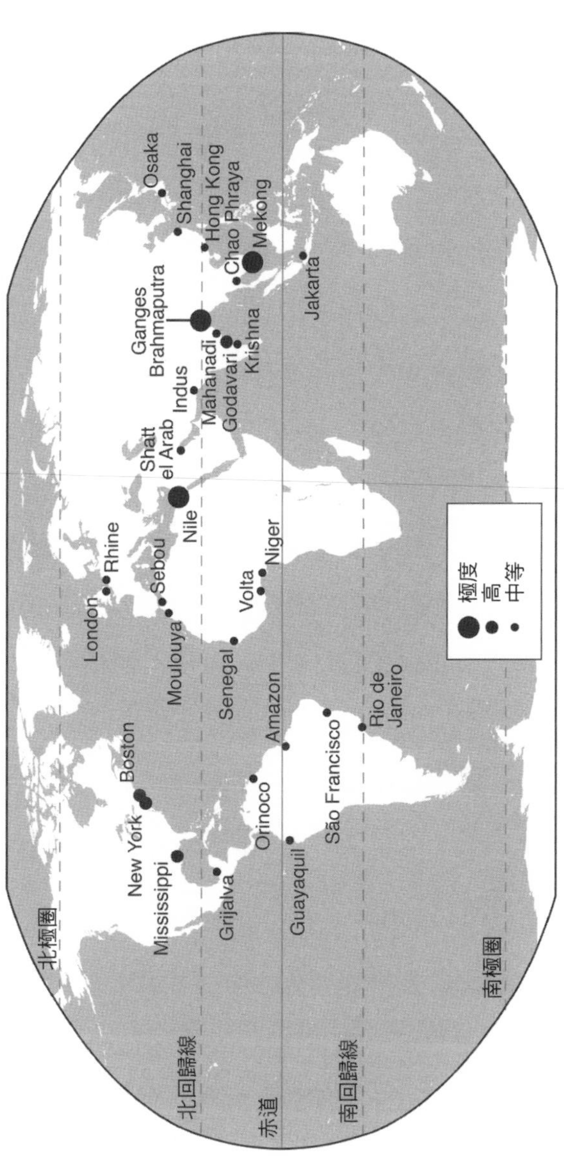

圖 26　海平面上升造成有風險的地區。

的沉沒速度比預測中的海平面上升速度更快，增加了它們面對暴風雨和洪水侵襲時的脆弱程度。

以孟加拉來說，該國有四分之三位於由恆河、布拉馬普得拉河和梅克納河匯流的三角洲地區內，全國有一半以上地區的海拔不到 5 公尺，因此很常發生水災。夏季季風期間，全國有四分之一會淹水。不過這些水災就像尼羅河的洪水一樣，帶來破壞也帶來生命。水能灌溉，淤泥能成沃土。肥沃的孟加拉三角洲供給全球最密集的人口之一，14 萬平方公里的土地上有 1 億 1,000 多萬人。每年孟加拉三角洲會接收 10 億公噸以上的沉積物和 1,000 立方公里的淡水。這些沉積物的分量平衡了三角洲因為自然過程和人類活動造成的侵蝕。不過恆河、布拉馬普得拉河和梅克納河已築起水壩，用於灌溉和發電，使得淤泥無法往下游移動。投入的沉積物減少造成三角洲消退，快速抽取淡水使得這種情況更加惡化。

從一九八〇年代開始，該國挖掘了 10 萬座管井和 2 萬座深井，淡水的抽取量增加了六倍。這些井對於改善地區居民的生活品質很重要，不過也造成每年多達 2.5 公分的下沉速度，高居全球前幾位。利用估計的下沉速度和全球暖化造成的海平面上升，世界銀行預計在二十一世紀末，孟加拉的相對海平面將會上升多達 1.8 公尺。在最糟的情況下，據估計將會造成高達 16% 的土地損失，原本可供給 13% 的人口和目前 12% 的國內生產總額。可惜的是，這個情況完全沒有考慮到紅樹林及相關漁業的破壞。另外海水入侵陸地也會進一步破壞水質及農業。

全球許多主要城市為方便海洋貿易，因而靠近河川或海岸，都將導致易遭受洪水威脅。當前風險最高的幾個城市包括亞洲的達卡（今日人口 2,030 萬）、上海（1,750 萬人）、廣州（1,300 萬人）、深圳（1,250 萬人）、雅加達（1,080 萬人）、曼谷（1,050 萬人）、香港（840 萬人）、胡志明市（830 萬人）和大阪（520 萬人）；北美的紐約（1,880 萬人）、波士頓（490 萬人）、邁阿密（270 萬人）和紐奧良（40 萬人）；南美的瓜雅基爾（290 萬人）和里約熱內盧（180 人）；非洲的阿必尚（370 萬人）和亞力山卓（300 萬人）；歐洲的倫敦（890 萬人）和海牙（250 萬人）。

我們來看看倫敦的例子，目前倫敦由泰晤士河防洪閘（Thames Barrier）保護，免於受到洪患。泰晤士河防洪閘的興建是為了應對一九五三年的洪水災難，最後終於在一九八二年完工待用（正式啟用時間是一九八四年五月八日）。泰晤士河防洪閘保護了 150 平方公里的倫敦土地，以及價值至少 1.5 兆英鎊的財產。由於英國政府當時的科學顧問的遠見，這個防洪閘足以承受 2,000 年一遇的水災。由於氣候變遷導致海平面上升，到二〇三〇年時，這層防護將會降低為足以承受 1,000 年發生一次的程度。到二〇二〇年為止，泰晤士河防洪閘在 38 年的歷史中已經關閉了 193 次，其中有 40% 以上發生在最近 10 年內。英國是全球第六大經濟體，每年大約有 1.4 兆英鎊的經濟產值來自倫敦。倫敦還與紐約和東京並列 24 小時全天候股票交易的三個主要中心之一。如果倫敦因為重大洪患而癱瘓，不只會重創英國經濟，還可能會打亂全球貿易。因此英國環境署制訂了計畫，防範未來的顯著海平面上升，包括在艾賽克斯（Essex）和肯特（Kent）之間的新防洪閘計畫，以防止海平面可能上升 4 公尺。不過世界上大部分其他城市都沒有這樣的資源，無法規畫這類保護。

《刺胳針倒數》二〇二〇年報告估計，如果不進行任何干預，受到未來海平面上升影響，全球被迫移居的人數將多達 1 億 4,500 萬到 5 億 6,500 萬之間。

農業

關於氣候變遷的主要擔憂之一，就是對全球及地區農業的影響。主要的問題在於，這個世界是否能在快速變遷的氣候中，到二〇五〇年時餵飽地球上多增加的 20 億人口。圖 27 顯示已經發生的穀類產量減少情況。建模指出，在緯度

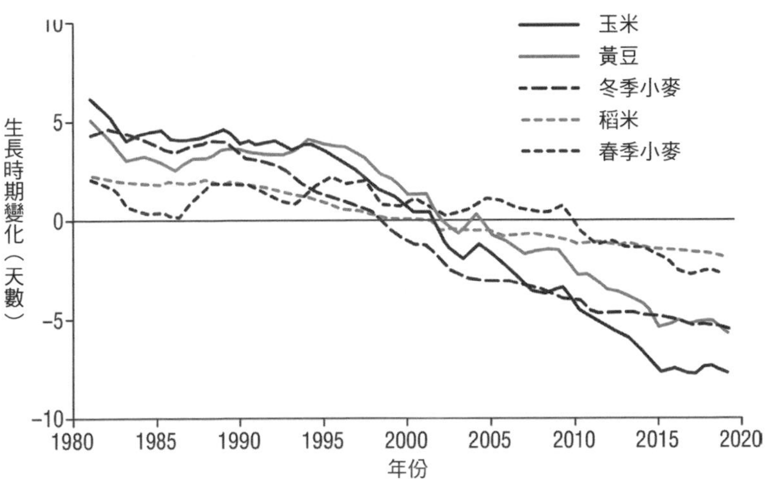

圖 27　1980 年到 2020 年之間的穀類產量變化。

比較高的地方，農業生產力可能會增加，因為生長季變長，霜害減少——不過其中有部分會因為極端天氣事件造成的頻繁農損而抵消。然而由於氣溫變高，降雨量變異更多，熱帶及亞熱帶地區的農產量將大幅減少。

氣溫和濕度升高，對於許多以自給農業為主的社會也是一大挑戰，因為高氣溫和高濕度使得在戶外工作變得更加困難，也增加了中暑的可能性。這也會影響到經常在室外工作者的健康，包括建築工人和農民。由於極端的情況，二〇一九年全球已經損失 2,780 億潛在的工作時數，比二〇〇〇年時還多了 920 億小時。柬埔寨、印度、中國、印尼、奈及利亞、巴西和美國這七個國家總共占二〇一九年全球損失時數的將近 60%，其中印度的損失最大。在前六個國家中，工作時數損失的衝擊主要影響到農民。

很難去估計氣候變遷對於農業的整體影響，因為農業生產跟養活全球人口的關係不大，而是跟貿易和經濟關係較密切。這就是為什麼歐盟有儲備糧食，而許多低度開發國家出口經濟作物（像是糖、可可、咖啡、茶和橡膠），但卻無法充分滿足國內人口的需求。典型的例子是西非的國家貝南

（Benin），當地種植棉花的農夫每公頃產量是競爭對手美國德州的四到八倍，然而因為美國給予農民津貼，這表示美國的棉花價格比貝南的棉花更便宜。目前美國棉農每年獲得40幾億美元的補貼，幾乎是貝南國內生產總額的兩倍。二〇〇二年時，巴西向世界貿易組織（WTO）提出了針對美國不公平補貼和扭曲貿易的案件。他們在二〇〇五年時獲得勝訴，然而過了15年後，美國還在研議該如何修改他們的農業補助。因此，即使氣候變遷使得德州的棉花產量變得更低，也不會改變仍存在的非法市場偏差現況。

市場會加深已開發和發展中國家的農業衝擊差異，供需變化可能代表著即使供應量減少，農業出口國仍有金錢獲利，因為當產品變得短缺時，價格就會上漲。另一個完全未知的因素是各國農業能調適到何種程度，例如在氣候變遷模式中，假設發展中國家的產量將會比已開發國家的產量減少更多，因為發展中國家的預計調適能力不如已開發國家。但這只不過是另一個沒有過往可參考的假設，隨著這些對農業的影響將在下個世紀發生，許多發展中國家的調適力也許會趕上已開發世界。

一個氣候變遷可能造成的實際區域性問題例子，是烏干達的咖啡種植。在這裡，如果氣溫上升攝氏 2 度，適合種植羅布斯塔（Robusta）品種咖啡的總面積，將會大幅減少到今日的 10%，其他地方變得太熱，只剩下地勢比較高的土地能夠種植咖啡。不過沒人能夠確切知道，剩下這些地區能為該國帶來更多或更少的收益，因為如果其他咖啡種植地區也受到類似的影響，咖啡豆的價格就會因為短缺而上漲。這個例子說明了許多開發中國家在面對全球暖化影響時有多麼脆弱，因為這些國家的經濟體往往嚴重依賴一、兩樣農產品，很難去預測全球暖化會對作物產量和其經濟價值造成什麼改變。因此調適全球暖化的主要方法之一，應該是讓這些飽受威脅的國家擴大其經濟及農業基礎。要實踐當然比紙上談兵難多了，而且很顯然地，美國、歐盟及中國的農業補貼加上目前的單方面貿易協定，對於全球農產及各國自給自足的能力，影響遠大於氣候變遷。隨著世界貿易組織的談判失敗，解決方案看來更加遙不可及。

海洋酸化

直接測量海洋的化學成分顯示，海洋的酸鹼值正在降低，也就是說，海洋越來越偏酸性（詳見圖 28），這是因為大氣中的二氧化碳溶解在海洋的表層水中。這個過程有兩個主要控制因素：大氣中的二氧化碳含量以及海洋的溫度。海洋已經吸收了大約三分之一由人類活動產生的二氧化碳，導致海洋的酸鹼值持續降低。未來隨著大氣層中的二氧化碳增加，溶解在海洋中的二氧化碳也會持續增加。某些海洋生物像是珊瑚、有孔蟲、鈣板藻、貝類及甲殼類，牠們的外殼

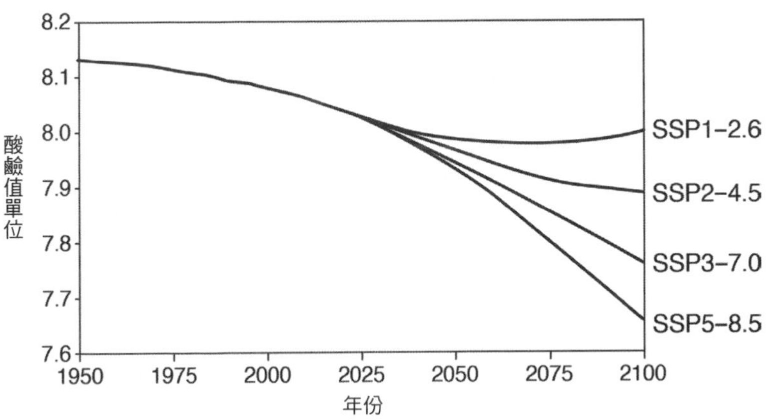

圖 28　海洋酸化。

由碳酸鈣組成，會溶解於酸。實驗室及田野實驗顯示，在二氧化碳含量高的情況下，酸性更高的海水會導致某些海洋物種發展出畸形的外殼，並且生長速度變慢，不過這影響因物種而異。酸化也改變了海洋中的養分以及許多其他元素和化合物的循環，也可能會改變物種之間的競爭優勢，對於海洋生態系統和食物鏈造成衝擊。這是一大擔憂，因為漁業仍然是重要的糧食來源，每年的商業捕撈漁獲量大約有 9,500 萬噸，養殖魚場則生產另外約 5,000 萬噸。

生物多樣性

當前全球生物多樣性喪失是由於人類活動，包括森林砍伐、農業、都市化及開採礦產。目前的物種滅絕速度是背景自然速度的 100 倍到 1,000 倍，而且氣候變遷還會加劇衰落。IPCC 報告中列出以下最受氣候變遷威脅的物種：非洲的山地大猩猩、拉丁美洲熱帶雲霧林中的兩棲類、安地斯山脈的眼鏡熊、坦尚尼亞森林中的鳥類、中美洲的「鳳尾綠咬鵑」（resplendent quetzal）、孟加拉虎、還有蘇達班（Sundarban）濕地才有的其他物種、南非開普植物王國

（Cape Floral Kingdom）才有的雨林特有植物，以及極地的北極熊和企鵝。這些物種面臨威脅的主要原因是牠們無法根據氣候變化進行遷徙，這可能由於其特殊的地理位置，或是人類活動的侵占——尤其是農業和都市化。前者的例子有拉丁美洲熱帶雲霧林，隨著氣候變遷，這種獨特的氣候帶會往山腰攀移，一直到無山可攀的地步為止。

生態系統受到威脅的例子之一是珊瑚礁，珊瑚礁對於漁業、娛樂、觀光及海岸保護，都是重要的經濟資源。據估計全球失去珊瑚礁的成本每年高達數千億美元。此外，珊瑚礁也是全球最大的海洋生物多樣性儲存庫之一。近幾年來，珊瑚礁的健康情況惡化前所未見，據估計，澳洲大堡礁在過去幾年內失去了 50% 的石珊瑚，原因是極端水溫造成的白化事件。大堡礁是世界上最大的珊瑚生態系，由 2,900 多個獨立的珊瑚礁和 900 多個島嶼組成，綿延超過 1,400 英里。在其他地區，單一季就有多達 70% 的珊瑚死亡。近年來，珊瑚疾病的種類、發生率和致病力也不斷激增，在美國佛羅里達州和加勒比群島大部分地區相繼大規模死亡。此外，大氣中的二氧化碳濃度增加也會降低造礁珊瑚的鈣化作用，導致骨骼變得脆弱、生長速度減緩，更容易受到侵蝕。模式結果顯示，這些影響在目前珊瑚礁分布的邊緣地區將會最嚴重。

在一個更理論性的研究中，生物學家克里斯・湯瑪士（Chris Thomas）與同事在《自然》期刊發表了一篇研究，探討接下來 50 年內，在墨西哥、亞馬遜雨林及澳洲等關鍵地區的物種滅絕率可能增加的情況。理論模式顯示，到二〇五〇年時，攝氏 2 度的升溫可能使他們研究的所有物種有四分之一面臨滅絕的命運。這項研究受到批評，因為他們的模式中有許多假設可能真真假假。例如在假設中，我們完全了解每個物種能夠存留下來的氣候範圍，也清楚知道棲地縮小和滅絕率之間的準確關係。因此這些結果只應被視為滅絕率可能的趨勢走向，而未必是確切的幅度。然而，這個研究與其他多項科學研究證實了區域及全球生物多樣性所面臨的重大威脅，並且說明了生物系統面對未來可能發生的暖化程度和速度的敏感度。

保護生物多樣性對於人類社會還有其他重大益處。二〇二〇年時，全世界因為新冠肺炎疫情而陷入停滯，新冠肺炎這種呼吸道疾病如此複雜、嚴重甚至於致命，原因之一在於這是一種人畜共通的病毒，來自其他動物的病毒，突變之後感染了人類。因此這種病毒具有人類免疫系統不熟悉的基因印記，延緩了人體產生抗體去對抗感染的能力。情況看起來越來越有可能是因為瀕危動物的非法交易，像是蝙蝠和穿山甲在中國及東南亞的不人道「傳統菜市場」販售，導致病毒在物種之間傳播。這類人畜共通病毒爆發的風險極高，先前已發生過類似的狀況，像是一九九六年時與 H5N1 病毒有關的禽流感，還有二〇〇二年到二〇〇三年爆發的嚴重急性呼吸道症候群（SARS）。在這兩次事件中，中國的傳統菜市場都曾暫時被禁，之後又獲准繼續營業。因此實在有必要保護和尊重生物多樣性和野生生物，避免這類人畜共通疾病再度發生。中國與其他國家的政府必須促進文化改變，加上逐步監管限制，以保護野生生物，從而也保護人類。

人類健康

氣候變遷的潛在健康影響重大，管理這些影響將會是一大挑戰。氣候變遷會導致熱浪、乾旱、野火、暴風雨及洪水等災害，造成更多的死亡。氣溫變高和降水不穩威脅到糧食生產，這是由於生產力降低所致，因為經常在室外工作的例如建築工人及農民所承受的風險增加了。有些人認為，某些國家的整體死亡率會下降，是因為很多老年人死於寒冷天氣，所以比較溫暖的冬天應該會減少這種死因。但是這種看法並不正確，近來有研究顯示，更好的住宅、改善健康照護、更高的收入以及更了解寒冷的風險，才是英國從一九五〇年起冬季死亡人數下降的原因。而在美國，過去 30 年來，與暑熱相關的死亡人數比寒冷致死高出四倍。因此，在許多社會，對寒冷氣候的調適，和改善對社會中最弱勢族群的保護，代表著溫暖的冬天對於降低死亡率的影響很小，甚至沒有影響。

二〇〇九年倫敦大學學院在《刺胳針》期刊上刊登的報告〈管理氣候變遷的健康影響〉（Managing the Health Effects of Climate Change）指出，可能影響數十億人健康的兩個主要領域是水與糧食。對人類健康的最大威脅是缺乏乾淨的飲用水，目前仍有 10 億人無法固定取得乾淨、安全的飲用水。缺水不只會造成脫水相關的主要健康問題，髒水中還有很多疾病和寄生蟲。全球人口增加，尤其是集中在都市地區的人口，對水資源造成重大壓力。氣候變遷的影響，包括氣溫、降水及海平面的改變，預料將會對全球淡水資源的可用性造成不同程度的後果。例如河川逕流的改變會影響河流和水庫的水量，進而影響到地下水補給的充足程度。蒸發速率增加也會影響供水，造成灌溉的農業用地鹽化。海平面上升可能導致沿岸含水層有海水侵入。目前大約有 20 億人居住在缺水的國家，占全球人口的四分之一。據信如果不採取任何行動來減緩氣候變遷，到了二〇五〇年之時，全世界多達 50% 的人口將會生活在經歷缺水的國家，其中有 80% 將位於發展中國家。

氣候變遷造成衝擊最大的國家，可能是現有供應量相對使用率比較高的國家。供水充足的地區將會因為水患增加而有更多的水，如上所述，電腦模式預測歐洲的暴雨將會增加，因而造成重大洪患，同時矛盾的是，目前缺水的國家（例如依賴海水淡化的國家）可能相對不受影響。受影響最大的是那些介於兩種情況之間的國家，因為沒缺過水或是沒有處理缺水問題的基礎建設。在中亞、北非和南非地區，降雨量將會變得更少，因為高溫和污染物逕流，水質也會越來越差，再加上預測中的降雨量年變異增加，乾旱將變得越來越常見。因此這些國家被認定風險最大，需要立即開始規畫，以保護他們的水資源或應付升高的洪水風險，因為對人類健康造成威脅的不是缺水或水過剩，而是缺乏應對乾旱及洪水的基礎建設。

糧食安全建立在三大支柱：（1）糧食供應——是否生產足夠的食物？（2）糧食取得——人們是否能夠負擔得起？以及（3）穩定度——是否一直都有糧食？根據聯合國世界糧食計畫署的資料，我們目前生產的糧食足夠餵飽 100 億人，能夠輕鬆滿足本世紀預測的人口成長。然而，目前有 8.2 億多人處於飢餓邊緣，這數字僅僅 5 年內就增加了 2,500 萬人，原因是他們根本沒錢買食物。氣候變遷威脅到糧食供應及穩定性，因為它影響了糧食與其他農產品的生產。極端天氣事件也必須考慮進去，在經濟越來越全球化的情況下，很少有國家能夠自給自足地生產基本糧食，因此食品進口非常重要。基本糧食的價格深受全球需求、國家農業補助和出口禁令以及自然災害的影響，不過最大的影響是全球市場上的糧食投機買賣。二〇〇八年到二〇〇九年期間，糧食價格上漲 60%，二〇一一年到二〇一二年時又上漲 40%，都與糧食投機買賣有關。因此許多人無法負擔基本糧食，導致營養不良和飢餓，這都可直接歸因於倫敦、紐約及東京等全球市場上的糧食價格投機買賣。

對人類健康的另一個威脅是傳染病，直接受到氣候因素影響。氣候變遷尤其會影響到病媒傳染病，也就是由其他生物傳播的疾病，例如由蚊子傳播的瘧疾。

傳染原及傳播媒介生物對於氣溫、水面溫度、濕度、風、土壤水分還有森林分布的變化等因素很敏感，因此預計氣候變遷及天氣型態改變將會影響許多病媒傳染及其他傳染疾病的分布範圍（包括海拔高度與緯度）、傳播強度及季節性。

例如海面溫度及海平面上升，與孟加拉霍亂流行的嚴重程度密切相關，隨著預測未來的氣候變遷及孟加拉相對海平面上升，將會使得霍亂疫情更加常見。

整體而言，氣候變遷造成的溫暖與濕度增加會增強疾病的傳播。然而，雖然許多疾病的潛在傳播力因為氣候變遷而增加了，但我們也應記住，我們控制這些疾病的能力也會改變。新疫苗或是改良過的疫苗指日可待，某些種類的病媒可以用殺蟲劑加以限制。儘管如此，還是有些不確定性和風險：例如長期使用殺蟲劑會助長抗藥菌株的繁衍，也殺死了許多害蟲的天敵。

最重要的病媒傳染病是瘧疾，目前全球有 5 億人受到感染。間日瘧原蟲（*Plasmodium vivax*）由瘧蚊帶原，是造成瘧疾的病原體。與蚊群傳播瘧疾潛力相關的主要氣候因素是氣溫和降水，從瘧疾發生率來評估全球氣候變遷的潛在影響，顯示風險普遍增加，因為適合瘧疾傳播的地區擴大了。與一九五〇年代相比，過去五年中適合瘧疾傳播的高原地區在非洲已經多了 39%，在東亞多了 150%。數學模式詳細計算了適合蚊子的氣溫帶，預測到了二〇八〇年代時，人類可能受到蚊子傳播疾病的潛在曝露量會增加 2% 到 4%（2.6 億人到 3.2 億人）。預測中增加最顯著的地方在瘧疾流行地區的邊界，還有瘧疾地區內海拔比較高的地方。瘧疾風險變化的解讀，必須依據當地環境情況、社會經濟發展影響，還有瘧疾防治計畫或能力來進行。氣候變遷也會在英格蘭南部、歐洲大陸和美國北部等地，提供瘧蚊絕佳的繁殖環境。

不過應該注意的是，許多熱帶疾病的發生與國家發展有關。晚近如一九四〇年代之時，瘧疾流行出現在芬蘭、波蘭、俄羅斯還有美國的 36 個州，其中包括華盛頓州、奧勒岡州、愛達荷州、蒙大拿州、北達科他州、紐約州、賓州及紐澤西州等。因此儘管氣候變遷可能會擴大這些熱帶疾病的範圍，不過歐洲和美國的經驗顯示，對抗瘧疾與發展和資源密切相關：發展能確保有效監控疾病，並且有資源去努力根除蚊子及其繁殖地。

隨著地球氣溫上升，氣候變遷的衝擊也將大幅增加，影響到熱浪、乾旱、野火、暴風雨及洪水的發生頻率和嚴重程度。隨著海平面上升，沿岸城鎮尤其脆弱，洪水及風暴潮（storm surge）的影響將會增加。此外，水資源、糧食安全以及公共衛生，將會成為各國面臨的最重大問題。氣候變遷危及全球生物多樣性和數十億人的福祉，在表 4 中，我試圖總結氣候變遷的潛在衝擊，雖然我有許多同事都在規畫該如何應對氣溫上升攝氏 4 度的世界，但我的簡單建議是，讓我們不要搞到那個地步吧。

表 4　氣候變遷的潛在衝擊

相較於工業化之前增加的氣溫	•氣候變遷的潛在衝擊
1.5℃	•對暖水珊瑚礁生態系造成重大影響。 •對脆弱的生態系統和物種造成顯著衝擊（極區、濕地及雲霧林）。 •沿海及河川氾濫增加。 •極端天氣事件增加。 •熱帶傳染病傳播增加。 •熱相關的發病率及死亡率增加。
2℃ - 3℃	•馬爾地夫、馬紹爾群島、吐瓦魯，還有許多小型島國遭棄。 •暖水珊瑚礁生態系重大耗損。 •北極地區重大變化，大量喪失北極海冰。 •極端天氣事件大量增加，傳染病散播。 •熱相關的發病率及死亡率大量增加，尤其是在低緯度地區。 •脆弱生態系統（極區、濕地、雲霧林及紅樹林）受到重大衝擊。 •全世界沿海及河川氾濫大量增加。 •低緯度漁業受到重大衝擊。 •作物產量及生產力減少，尤其是在熱帶及亞熱帶地區。
3℃ - 4℃	•全部生態系統受到重大衝擊，包括大量物種滅絕。 •失去全部的暖水珊瑚礁生態系，還有許多冷水珊瑚礁生態系。 •北極夏季完全沒有海冰，氣溫增加攝氏 8 度。 •高山冰川大部分消失，包括吉力馬札羅（坦尚尼亞）的所有冰層。 •極端天氣事件大量增加，傳染病大量傳播。 •農漁業生產及可用水資源大量減少。 •糧食及用水安全成為主要的政治及人道議題。 •環境迫使大規模遷徙增加。 •海洋及陸地碳匯減少，加速氣候變遷。

相較於工業化之前增加的氣溫	•氣候變遷的潛在衝擊
4℃ - 5℃	•生態系統及全球物種巨災損失。 •西南極洲與格陵蘭冰層加速融化，導致全球海平面大幅上升。 •全球人口五分之一受到洪患影響，主要沿岸城市遭棄。 •環境迫使大規模遷徙加速，資源衝突增加。 •許多國家的夏季氣溫持續維持在攝氏 40 度以上。 •攝氏 50 度以上的熱浪成為常態。 •35 億以上人口缺水。 •野火造成重大空氣污染事件及人類健康危機。 •全球糧食生產量驟減，導致普遍營養不良及飢餓。
5℃ - 6℃或更高	•千萬別搞到這地步。

第六章
潛在的氣候隱憂

我們改變了大氣的組合成分，過去300萬年來前所未見。我們正朝向未知的領域前進，因此科學上的不確定因素很多。研究過去的紀錄可以得知，一旦越過閾值（threshold），氣候系統將會非常快速地轉換進入新狀態。例如冰芯紀錄顯示，在上個冰河時期結束時，格陵蘭有一半的暖化是在短短數十年內達成的。本章將探討，隨著地球暖化，氣候系統中出現閾值或臨界點（tipping points）的可能性。圖 29 顯示科學家在過去 30 年中一直關注的主要臨界點：包括格陵蘭以及西南極洲冰層的不可逆融化、北大西洋深海洋流減緩、氣體水合物（gas hydrates）融化大量釋放甲烷以及亞馬遜雨林枯死。

閾值及臨界點

氣候驅動力因子（例如溫室氣體）和氣候反應之間的關係很複雜。在理想的情況下，應該是延遲不多或沒有延遲的簡單關係，但我們已經知道氣候系統的慣性，對溫室氣體驅動力的反應延遲了 10 到 20 年，實際狀況視排放量而定。所以我們可以檢視在四種情境下，氣候系統不同部分對於氣候

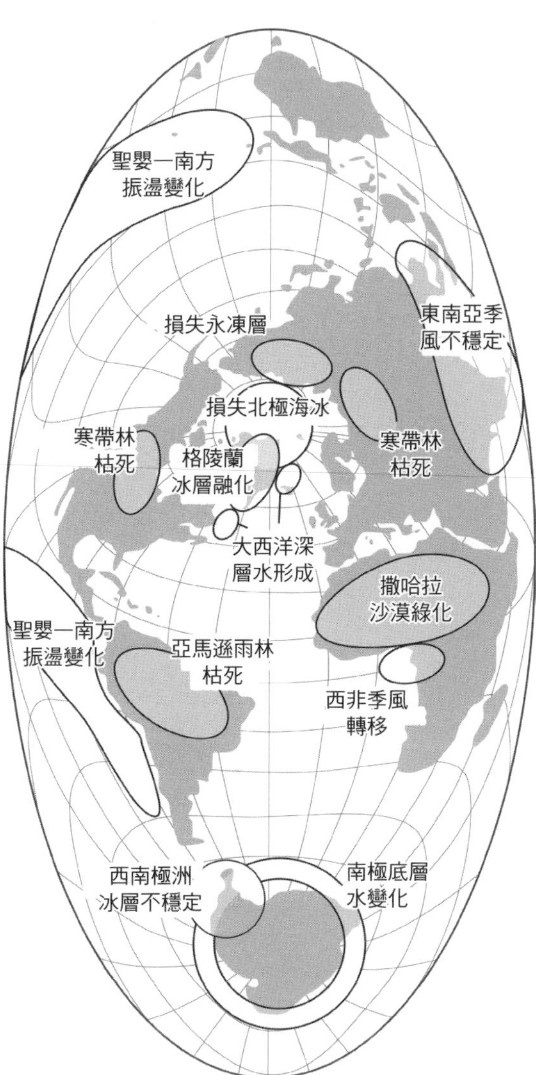

圖 29　氣候系統中的臨界點。

變遷的反應（詳見圖 30）：

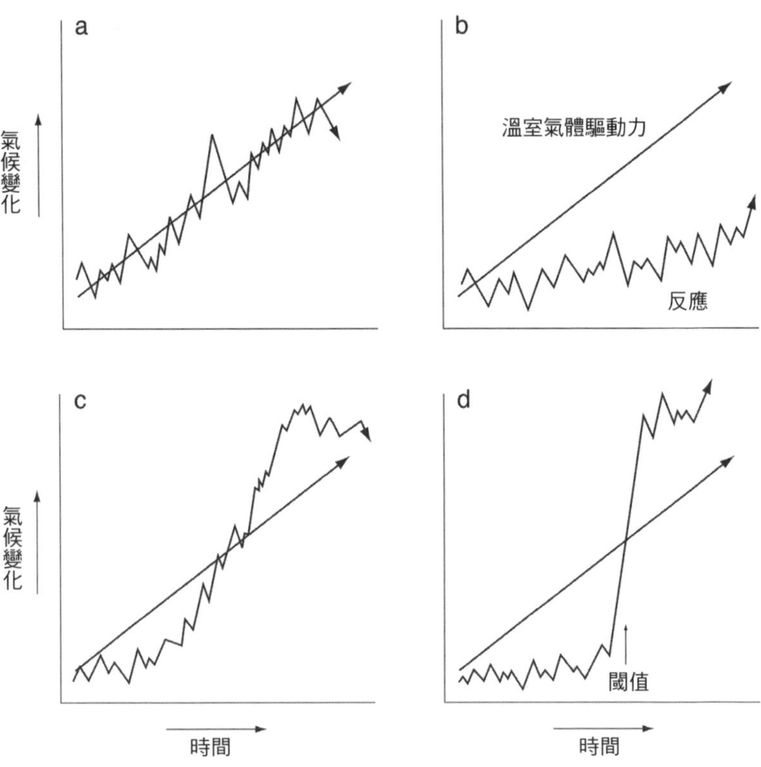

圖 30 溫室氣體驅動力及氣候系統的反應。

（a）線性但延遲反應（圖 30a）：

在這種情況中，溫室氣體增加對氣候系統產生延遲但直接的反應，規模與額外的驅動力成正比。這相當於在平坦的道路上推車，一開始什麼事也沒發生，因為必須先克服摩擦力，車子才會開始移動。一旦這過程發生，大部分的推力都會用來讓車子前進。例子之一是海洋暖化會因為熱慣性而延遲，因為要加熱的水量很大。

（b）減緩或有限的反應（圖 30b）：

在這種情況中，溫室氣體驅動力可能很強，但相關的氣候系統在某些方面予以緩衝，因此反應很小。這類似推車上山坡：儘管出再多力氣，也不會移動多少。例子之一是東南極洲冰層，在比今日更溫暖的氣溫下，仍然保持穩定。

（c）延遲及非線性反應（圖 30c）：

在這種情況中，氣候系統一開始對溫室氣體驅動力的反應可能較緩慢，但接下來就會呈現非線性反應。如果我們低估系統中的正回饋，這在氣候變遷當中真的可能發生。這個情境就好比車子已經接近山頂：需要費力和時間才能把車子推到山峰，這就是緩衝效果，一旦到達山峰，推車越過山峰就變得毫不費力，接著無論是否有助力，都會加速往下坡前進。到了山腳之後，車子還會持續前進一段時間——過衝（overshoot）——然後它會自動慢下來，進入一個新狀態。

（d）閾值反應（圖 30d）：

在這種情況中，起初天氣系統中應對溫室氣體驅動力的部分反應很小，然而一旦達到閾值，所有的反應都會在非常短的時間內發生跨出超大一步。在許多情況中，反應可能會比驅動力規模帶給人的預期大很多，這稱為「反應過衝」（response overshoot）。這種情境相當於電影《偷天換日》（*The Italian Job*）結尾懸崖邊的那輛公車：只要變化很小，就什麼也不會發生，然而達到臨界點後（在這種情況下是重量），公車（和黃金）就會跌落下方深谷。例子之一是開始融化的格陵蘭冰層，有可能會突然加速融化，導致災難式的崩毀。

某些情況下，閾值也會變成臨界點。你可以把閾值想成是系統發生可逆變化的點，但是一旦跨過臨界點，就表示系統進入新狀態，且轉變已不可逆。要評估氣候變遷會形成簡單的閾值或是臨界點，還有一個額外的複雜因素，就是氣候系統中的分歧點（bifurcation）。這個意思是推動氣候系統越過閾值的驅動力，與逆轉所需不同。一旦越過氣候閾值，要逆轉就更加困難，甚至在某些情況下其實不可逆轉。

「臨界點」一詞出現在許多氣候變遷的研究和討論中，但必須留意這個詞有兩種用法。首先，提到氣候臨界點時，有些是指氣候系統中大規模、不可逆的轉變，像是冰層融化，或者是海底大量釋放甲烷。另外一種用法則是關於社會性的臨界點，發生在當氣候變遷對某地區或特定國家產生重大影響的時候。例如東南亞季風降雨帶北移 200 英里（大約 322 公里）是氣候學上的小變化，並不算是根本上的氣候臨界點，但是對於不再降雨或首度降雨的國家來說，這種轉變就是重大的氣候臨界點，因為他們的氣候可能永久改變了。

冰層融化

如果碳排放沒有顯著抑制下來，IPCC 預測到二一〇〇年時，海平面上升幅度將會在 0.5 到 1.3 公尺之間。這些估算中最大的不確定因素，就是格陵蘭及南極洲在本世紀末的融冰量會有多少。目前估計格陵蘭每年失去超過 230Gt 的冰，從一九九〇年代以來增加了七倍。南極洲每年大約失去 150Gt 的冰，從一九九〇年代初以來增加了五倍，大部分的損耗都在南極洲北部半島和西南極洲的阿曼森海域。格陵蘭與南極洲共同形成了最令人擔憂的潛在氣候隱憂之一，如果這些地方的大型冰層完全融化，全球海平面會上升的程度如下：格陵蘭大約 7 公尺、西南極洲冰層大約 8.5 公尺、東南極洲冰層大約 65 公尺。相較之下，如果全部的高山冰川都融化，對海平面上升的影響大約只有 0.3 公尺。古氣候的數據資料顯示，由於南極洲的版塊運動，在 3,500 萬年前形成了巨大的東南極洲冰層，並且其實在更溫暖的氣候中也能維持穩定。因此氣候科學家有很高的信心，東南極洲冰層應該可以在本世紀內維持穩定。

然而科學家很擔心，格陵蘭和西南極洲的融化速度將會在未來百年內加快。儘管整個冰層的融化過程已經開始，但實際融冰的速度仍有物理限制條件，因為熱需要時間才會穿透冰層。想像一下把一顆冰塊丟進熱咖啡裡，你知道冰塊會完全融化，但熱需要時間才能滲入冰塊中心。大部分來自冰層的冰會經由冰流流入海中，但冰流能運載的冰量有限。根據頂尖冰川學家的看法，最糟糕的情況是冰層在本世紀末會將海平面增加 1 到 1.5 公尺，危及全球許多沿岸居住人口。關於格陵蘭和南極冰層在 100 年之後會如何發展，科學上也有爭議，就算本世紀沒有發生大量融化，我們可能也已經開始造成下一場不可逆轉的融化。未來數十年內的碳排放將會決定冰層的長期未來，以及數十億沿岸居民的生計。

深海洋流

海洋循環是控制全球氣候的主要因素之一，事實上，能驅動並維持內部長期氣候變遷（維持數百至數千年）的只有深海，因為其體積、熱容量和慣性的緣故。在北大西洋，向東北北延伸的墨西哥灣洋流（Gulf Stream）挾帶暖鹹的表層水，從墨西哥灣北送到北歐海域。墨西哥灣洋流增加的鹹度或鹽度，是由於在加勒比地區發生大量蒸發作用，移除了表層水中的水分，把鹽分濃縮在海水中。

隨著墨西哥灣洋流北移，逐漸冷卻下來，高鹽分結合低溫，增加了表層水的密度，因此當灣流抵達相對低鹽度的冰島北方海域時，表層水已經夠冷卻，濃度足已沉入深海。這個高密度水團（water mass）沉降所造成的「拉力」，有助於維持墨西哥灣洋流的強度，確保溫暖的熱帶洋流能夠繼續注入東北大西洋，將溫和的氣團送到歐洲大陸。據估算，墨西哥灣洋流傳送的能量，相當於全英國發電廠總和的 27,000 倍。如果你對於墨西哥灣洋流之於歐洲氣候的益處有絲毫懷疑，不妨比較一下大西洋兩岸同緯度地區的城市，例如冬季的倫敦與拉布拉多、里斯本與紐約。或者更合適的比較是西歐和北美西岸，這兩處地方海洋與大陸之間的地理關係類似，可以想想阿拉斯加與蘇格蘭，兩者的緯度大致相同，但呈現出不同的氣候特性。

新形成的深層水在海洋中下沉到 2,000 至 3,500 公尺的深度，往南流入大西洋，叫做北大西洋深層水（North Atlantic Deep Water, NADW）。它在南大西洋遇到第二種深層水，成形於南極洋，叫做南極底層水（Antarctic Bottom Water, AABW），這種底層水的形成方式跟北大西洋深層水不同。南極洲由海冰環繞，深層水在沿岸冰間湖（polynyas）中形成，也就是海冰中的大洞，向外吹拂的南極風把海冰從大陸邊緣推開，產生這些孔洞。酷寒的風讓露出來的表層水過度冷卻，導致形成更多的海冰並且脫鹽，於是產生了全世界最冷又最鹹的水。南極底層水環流南極洲，貫穿北大西洋，在比較暖也因而比較輕的北大西洋深層水之下流動（詳見圖 31a），南極底層水也流入印度洋及太平洋。

保持北大西洋深層水與南極底層水之間的平衡，對於維持當前的氣候非常重要，因為這不但能夠確保墨西哥灣洋流經過歐洲，也能維持南北半球之間適量的熱交換。科學家已經證實，如果有足夠的淡水投入，使得表層水太輕無法下沉，深層水就可能會減弱或「關閉」，這些證據來自電腦模式以及對過往氣候的研究。科學家創造了「低密度化」（dedensification）一詞，意思是指透過加入淡水或把水加熱，以降低水的密度，兩種情況都會讓海水的濃度變低，無法下沉。如我們所見，全球暖化會造成極地冰帽大量融化的隱憂已在，這會導致極地海洋中加入更多的淡水，因此氣候

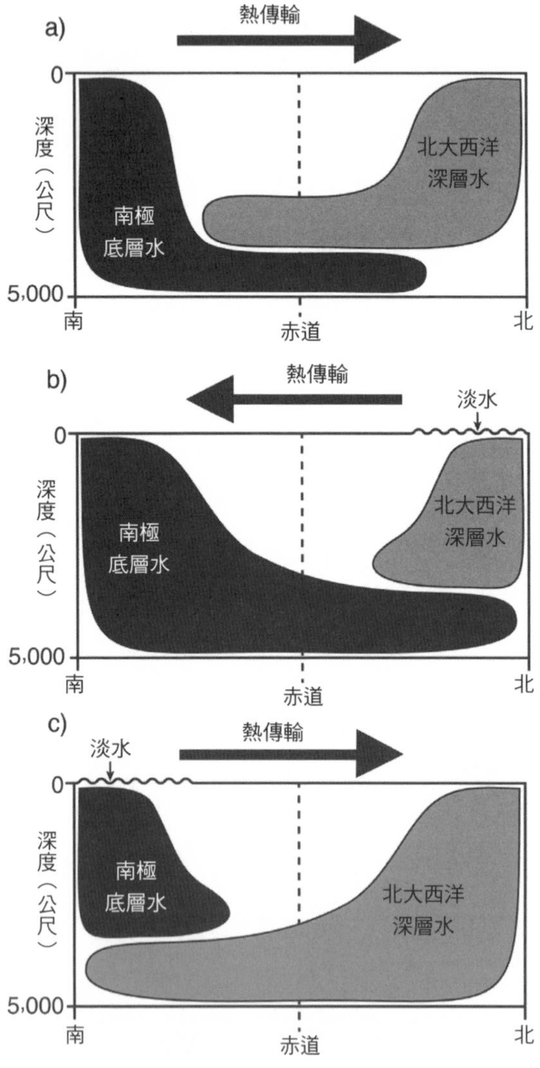

圖 31　深海洋流的變化取決於淡水的投入量。

變遷可能會導致北大西洋深層水瓦解，減弱溫暖的墨西哥灣洋流（詳見圖 31b）。這會造成歐洲的冬天更加寒冷，天氣更加嚴峻。不過溫暖墨西哥灣洋流的影響主要見於冬季，對夏季氣溫的影響很小。因此如果墨西哥灣洋流不復存在，全球暖化仍然會導致歐洲的夏季變熱，最後歐洲會出現極端季節性天氣，很類似阿拉斯加的情況。

相反的情境是，如果南極冰層早於格陵蘭和北極的冰層開始大量融化，那麼情況就非常不一樣了。如果有足夠的淡水進入南極洋，那麼南極底層水會嚴重減少。由於深層水系統是北大西洋深層水與南極底層水之間的平衡表現，如果南極底層水減少，北大西洋深層水就會增加並且擴張（詳見圖 31c）。問題在於，北大西洋深層水比南極底層水暖，液體加熱會膨脹，北大西洋深層水就會占據更多的空間。所以北大西洋深層水如果增加，就表示海平面可能上升。丹・賽多夫（Dan Seidov，現任職於美國國家海洋暨大氣總署）以及我自己的電腦模式皆顯示，這種情境將會導致海平面平均上升 1 公尺以上。

早在 30 多年前就已經有人提出要停止深海洋流災難的

可能性，期間也有大量的研究。監測顯示，墨西哥灣洋流從上個世紀中以來，已經減弱了 15%。從 IPCC 最新報告中綜合整理來自海洋監測和氣候模式預測未來的證據顯示，墨西哥灣洋流不太可能在二十一世紀瓦解。不過模式顯示，尤其是在高排放情境中，大西洋經向翻轉環流（Atlantic Meridional Overturning Circulation, AMOC）會在本世紀大幅減弱，問題在於，我們不知道可能導致深海洋流停止的潛在臨界點會在哪裡。此外，如果格陵蘭或西南極洲的融化加速，那麼將會有大量淡水進入海洋，大幅干擾深海洋流。

氣體水合物

在全球海洋及永凍層之下，以甲烷的形式儲藏著大量的碳。在低溫及／或高壓的情況下，甲烷氣體被封存在固體水分子裡，甲烷氣體來自深埋於海洋沉積物或是永凍層土壤下的腐敗有機體（圖 32）。這些氣體水合物儲存庫並不穩定，氣溫增加或壓力降低都會造成不安定，釋放出封存的甲烷。氣候變遷使海洋及永凍層升溫，威脅到氣體水合物的穩定性。甲烷是一種強烈的溫室氣體，比二氧化碳還要

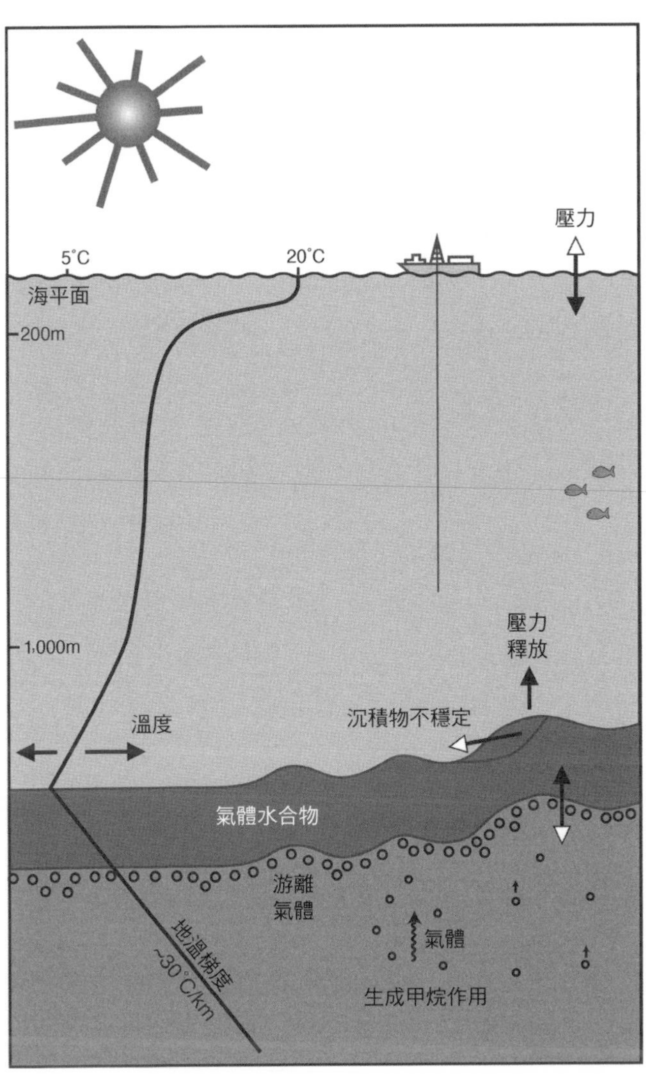

圖 32　海洋環境中的氣體水合物。

強 21 倍（詳見表 1），如果釋放量足夠，將會提高全球氣溫，進而導致更多的氣體水合物釋放，產生失控效應。科學家其實不清楚我們腳下的氣體水合物儲藏了多少甲烷，據估計介於 1,000 到 10,000Gt 之間（相較於目前大氣中有大約 800GtC），範圍很廣。如果沒有更精確的估計，很難去評估氣體水合物可能造成的風險。

科學家如此擔憂這項議題，是因為有證據顯示，5,500 萬年前發生過超級溫室效應，稱為古新世—始新世氣候最暖期（Palaeocene—Eocene Thermal Maximum, PETM）。在這次溫室事件中，科學家認為可能釋放出高達 1,500Gt 的氣體水合物，在大氣層中投入如此大量的甲烷，加速了天然的溫室效應，產生攝氏 5 度的額外升溫。不過古新世—始新世氣候最暖期仍有相當大的爭議，例如是否因為同一時期大規模火山作用釋放的二氧化碳，加上氣體水合物釋放甲烷，才是造成暖化的主因？

目前的共識是海洋蘊藏的氣體水合物在本世紀可能會維持穩定，氣體水合物在海底形成一層固體，這個固體層的深度由地溫梯度（geothermal gradient）控制——越深入沉積物，每公里的溫度大約會上升攝氏 30 度。等到了一定深度的時候，已經暖和到氣體水合物無法存在，於是甲烷會以游離氣體的形式積聚在沉積物中。隨著海洋溫度變化，溫度的變化必須透過氣體水合物固體層傳導到下方邊界，才會有部分融化。如果這個過程夠緩慢，釋放出來的氣體會在海洋沉積物中往上移動，在比較高的位置重新凍結。然而如果無法限制碳排放，那麼到了下個世紀之時，我們就會目睹這個過程加速，導致某些儲存在深海中的甲烷釋放出來。

很顯然，曾經是永凍層之下的氣體水合物已經開始融化了，許多加拿大和西伯利亞的湖泊中都能觀察到氣泡。由於北極放大效應影響氣溫的緣故，北極地區的氣溫上升會是全球平均值的將近兩倍，將會加速氣體水合物融化。但我們仍然不清楚全球永凍層之下儲藏著多少甲烷，目前我們的最佳估計顯示，全球升溫攝氏 3 度可能會釋放出 35GtC 到 940GtC 的甲烷，可能會讓全球升溫攝氏 0.02 度到 0.5 度。

亞馬遜雨林枯死

一五四二年時，法蘭西斯科・德・奧雷亞納（Francisco de Orellana）帶領歐洲人首航亞馬遜河。在這場無畏的旅程中，遠征隊遭遇當地印地安人強烈抵抗，其中某個部落的女戰士兇猛無比，以矛驅使男戰士站在前面，所以這條河流依照希臘神話中著名的女戰士，命名為亞馬遜。奧雷亞納因此成了那個時代最倒楣的探險家之一，因為原本應該用他的名字來命名。全球流入海洋的淡水中，亞馬遜河的流量大約占20%，流域面積為全球最大，占地 705 萬平方公里，相當於歐洲的大小。這條河流是亞馬遜季風的產物，每年夏天都會帶來大量雨水，也造就了壯觀的廣闊雨林，支撐著全球最豐富的生物多樣性以及數量最多的物種。

亞馬遜雨林對於氣候變遷非常重要，因為這裡是巨大的天然碳儲存庫。原本大家認為像亞馬遜這樣生長的雨林已臻成熟，但過去 40 年來對於全球雨林的詳細調查顯示，這樣的看法並不正確。一九九〇年代時，完整的熱帶雨林——未受砍伐或火災影響——大約從大氣中吸收了 460 億噸的二氧化碳。後來很不幸地，據估計這個吸收量在二〇一〇年代時降為 250 億噸，失去的碳匯容量是 210 億噸二氧化碳，相當於英國、德國、法國和加拿大 10 年的化石燃料排放量總和。所有的數據資料彙整都出自非洲熱帶雨林觀測網路（African Tropical Rainforest Observatory Network）以及亞馬遜雨林盤點網路（Amazon Rainforest Inventory Network），目前追蹤中的樹木超過 30 萬棵，並在 17 個國家進行了百萬次以上的樹徑測量，並且由里茲大學（University of Leeds，詳見 ForestPlots.net）加以標準化及管理。

關於亞馬遜雨林可能發生枯死的擔憂，來自於二〇〇〇年由英國氣象局哈德利中心（Meteorological Office's Hadley Centre）成員發表的一篇重要論文。他們的氣候模式是第一個包含植被－氣候回饋的模式，顯示到了二〇五〇年時，全球暖化將會增加亞馬遜雨林的冬季旱季。亞馬遜雨林要想存續，不只需要濕季的大量雨水，也要有相對比較短的旱季，以免枯竭。根據哈德利中心的模式，氣候變遷會導致全球氣候轉為偏聖嬰現象的情況，南美洲的旱季會變得更長。金·史丹利·魯賓遜（Kim Stanley Robinson）在他的小說《四十種下雨的徵兆》（*Forty Signs of Rain*）中使用了「激聖嬰」（Hyperniño）一詞來指新的氣候狀態。亞馬遜雨林無法承受變長的旱季，將會被稀樹草原（savannah，乾草原）給取代，這就是今日亞馬遜盆地東部和南部的情況。這種替換情況會發生，是因為延長的乾旱期導致森林火災，摧毀大片雨林，正是二〇〇五年和二〇一〇年兩次極端亞馬遜乾旱期間的狀況。野火也會把儲藏在雨林中的碳釋放到大氣中，加速氣候變遷。稀樹草原之後將會占據這些燒過的地區，因為它們可以適應漫長的旱季。但是相較於雨林，每平方公里稀樹草原的碳封存量低很多。

針對亞馬遜雨林對於氣候變遷的反應建模很複雜，因為有正回饋也有負回饋。例如大氣中二氧化碳的濃度升高，對於植物和樹木有「施肥」作用，能提高光合作用，促進生長，也能讓植物更有效率地利用水分，因而更耐旱，彌補預期中旱季變長的某些影響。其他的氣候模式並未發現如此強烈的枯死現象，目前 IPCC 的評估顯示，本世紀不太可能發生持續枯死——如果亞馬遜雨林保持完好的話。最大的問題是後者，因為在巴西總統波索納洛（Jair Bolsonaro，編按：波索納洛已於二〇二二年底卸任）的執政之下，森林砍伐率持續上升，加上森林火災大量增加，很多事發地區都是原本不會出事的地方，表示許多都是刻意引發的。亞馬遜以及全球其他雨林的砍伐和破碎化，使得這些地方在面對氣候變遷時更加脆弱，因此也更有可能發生災難性的枯死。

人類引起的氣候變遷已經對我們的地球產生了影響，並且在未來 80 年可能產生更激烈的影響。另外科學家也時常擔憂，全球氣候系統中的潛在意外，可能會加劇未來的氣候變遷。如前述所討論，包括格陵蘭和南極冰層可能開始產生不可逆的融化，導致下個世紀的海平面上升好幾公尺。北大西洋驅動的深海洋流可能發生變化，導致歐洲產生極端季節性天氣。由於森林砍伐加上氣候變遷的綜合影響，亞馬遜雨林可能開始枯死，導致大量生物多樣性喪失，並且增加大氣中的碳排放量，造成進一步的全球暖化。最後還有海底和永凍層氣體水合物可能釋放出額外甲烷的威脅，也會加速氣候變遷。

要確保我們能避免氣候變遷的最糟糕結果，同時大幅減低氣候意外的可能性，方法之一就是儘可能減少氣候變化。全球領導人努力的目標，是要把氣候變遷控制在比工業化前水準只高出攝氏 1.5 度的範圍內。在第七章中，我們將會探討這個決策的過程，以及領導人希望如何達成目標。

第七章
氣候變遷的政治

前言

應對氣候變遷問題最合乎邏輯的方式是大幅減少溫室氣體的排放，在二〇一五年的巴黎氣候會議上，世界各國領導人同意全球氣溫上升應該控制在攝氏 2 度以下，並且設定了攝氏 1.5 的期望目標。儘管有此協議，全球的碳排放量仍然年年持續增加。唯一的例外是二〇二〇年，由於新冠肺炎疫情引發的全球封鎖措施，使得排放量下降了大約 7%，幾乎全球所有的飛行和汽車旅行都停止了，對整體溫室氣體污染產生了些許影響。事實上，雖然發生了全球流行病，二〇二〇年的全球碳排放量跟二〇〇六年相同，這是因為疫情期間的能源生產幾乎沒有變化，不過全球的商業機構和公民社會一致呼籲，疫情後的復甦活動必須保持低碳。

氣候變遷協商

《聯合國氣候變遷綱要公約》於一九九二年的里約地球高峰會制訂，目標是為了全球協議減少溫室氣體，限制氣候變遷的影響。這份公約在一九九四年三月二十一日正式生效。截至二〇一四年三月為止，已經有 196 個國家簽署了這份公約。《聯合國氣候變遷綱要公約》內明載數項原則，包括各締約國達成共識的協議和差別責任。後者是因為這份公約承認不同國家的溫室氣體排放量不同，因此需要更大或更小的努力來減少排放量（詳見圖 33），例如在美國，每人平均二氧化碳排放量比印度人多 10 倍。為了在協商中正式表現出這一點，公約中將締約國分成兩個不同組別：附件一締約國，包括全部的已開發國家，非附件一締約國，則包括開發程度較低和快速開發中的國家。附件一締約國之後又再被細分，因為有些國家提出他們正處於經濟轉型，於是最富裕的國家另外歸類成附件二締約國。《聯合國氣候變遷綱要公約》重視緊縮與聚合的原則：觀念是各國都必須減少排放量，所有國家也都必須一致趨向淨零排放。淨零排放目標源自於二〇一八年 IPCC 發表的《全球升溫 1.5℃特別報告》，報告中明示，要實現攝氏 1.5 度的目標，到二〇五〇年時必須達到淨零碳排放，並且在本世紀接下來的時間內都保持負碳排放。

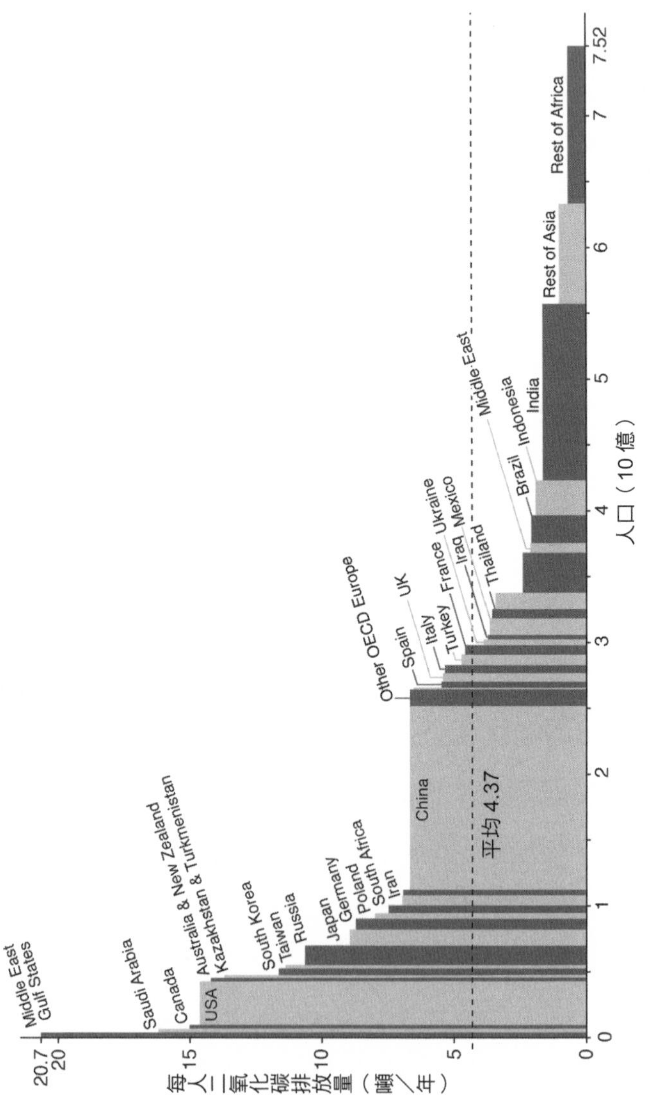

圖 33　各國及人口的每人二氧化碳排放量。

京都 1997

《聯合國氣候變遷綱要公約》設立以來，世界各國也就是「締約國」每年在締約國大會（COP）碰面，推動協商。成立僅僅五年後，在一九九七年十二月十三日的第三次締約國大會，就已經制定出第一份國際協定，也就是《京都議定書》（Kyoto Protocol）。議定書中闡明全球協議減少溫室氣體排放的基本原則，更具體來說，所有已開發國家將致力於在二〇〇八年到二〇一二年之間，將排放量降低到比一九九〇年時的水準少 5.2%。《京都議定書》於二〇〇一年七月二十三日在波昂（Bonn）簽署批准，成為法定條約。在小布希總統（George Bush Junior）的領導下，美國於二〇〇一年三月退出氣候談判，因此並未在波昂會議上簽署《京都議定書》。由於美國的二氧化碳排放占全球碳排總量的四分之一左右，這對該協議來說是一大打擊。此外，為了確保日本、加拿大和澳洲願意加入，波昂會議上也降低了《京都議定書》原本設定的目標，澳洲最後終於在二〇〇七年十二月正式簽署《京都議定書》。

該協定並未包括開發中國家，這是為了平衡已開發國家排放量的歷史遺存。當時認為，開發中國家會加入二〇一二年後的協議。《京都議定書》於二〇〇五年二月十六日在俄羅斯簽署之後正式生效，達到需要至少有 55 個國家（占 55% 以上全球排放量）簽署的門檻。

哥本哈根 2009

儘管在全球金融危機爆發的隔年舉行，大家對二〇〇九年的第十五次締約國大會（在哥本哈根）仍然有很大的期望，期待新的量化承諾，確保能有二〇一二年後的協議，順利銜接《京都議定書》。當時歐巴馬（Barack Obama）剛當選美國總統，歐盟已經準備以一九九〇年的基線為準，到二〇二〇年時無條件減少 20% 的排放量，如果其他已開發國家接受有法律約束力的目標，則再有條件地提高至 30%。大多數其他已開發國家都主動提出方案，以一九九〇年基線為準，挪威願意將排放量減少 40%，日本願意減少 25%。就連美國也提出以二〇〇五年基線為準，減少 17% 排放量的承諾，相當於以一九九〇年基線為準減少 4%。

但是哥本哈根會議出現嚴重失誤，首先丹麥政府完全低估了大家對會議的興趣，提供的場地太小了，因此到了第二週時，所有位高權重國家的部長及其支持者抵達時，空間根本不夠，許多非政府組織被拒於門外，無法參與協商。其次，談判代表顯然沒有準備好要接待各國部長的到來，因此也沒有達成共識。這導致了《丹麥草案》（Danish Text，副標題為哥本哈根協議）的洩漏，裡面提議的辦法是把全球平均氣溫上升控制在比工業化前高出攝氏 2 度的範圍內。此舉引發了已開發和開發中國家的爭論，因為這是一份才剛出現在會議中的全新文件。開發中國家指責已開發國家閉門達成適合自己的協議，卻沒有徵求他們的同意。七十七國集團（G77）主席盧蒙巴・迪一阿平（Lumumba Stanislaus Di-Aping）表示：「這是一份極度失衡的草案，意圖徹底推翻兩年來的協商，完全沒有考慮到發展中國家的提議和心聲。」

對於達成有法律約束力目標協議的最後一擊來自美國，歐巴馬在會議結束前兩天才抵達，他召集美國和基礎四國（BASIC，巴西、南非、印度和中國）進行會議，把其他聯合國國家排除在外，打造了《哥本哈根協議》（Copenhagen

Accord）。《哥本哈根協議》承認科學上的情況，要把氣溫上升維持在攝氏 2 度以下，但協議中卻沒有包含此目標的基準線，也沒有承諾達成目標必須的減少排放量。先前的提案已經遭到放棄，當時的目標是要將溫度上升限制在攝氏 1.5 度以內，並在二〇五〇年前減少 80% 的二氧化碳排放量。這份協議沒有約束力，各國要在二〇一〇年一月之前提出各自的志願目標。協議中也明確指出，任何簽署《哥本哈根協議》的國家，同時也退出了《京都議定書》。因此美國得以擺脫《京都議定書》中有法律約束力的目標，原本應該執行到二〇一二年為止，改成鼓勵薄弱的志願承諾方法。玻利維亞代表團總結了《哥本哈根協議》的達成方式：「反民主、不透明且無法接受」，《哥本哈根協議》的法律地位也不明確，因為締約國只有加以「談論」而沒有「同意」，同意的國家總共只有 122 個（後來才增加到 139 國）。

大家對《聯合國氣候變遷綱要公約》協商的信任度，在二〇一四年一月又受到打擊。根據揭露，美國政府的談判代表在會議期間，利用竊聽取得其他代表團開會時的情報。由愛德華・史諾登（Edward Snowden）揭露的文件指出，美國國家安全局（NSA）在會議之前及期間監控了各國之間的通訊。洩露的文件顯示，美國國家安全局提供給美國代表團有關丹麥計畫會議無法取得進展時「挽救」談判的細節，以及中國在會議前努力與印度協調立場的情報。

巴黎 2015

哥本哈根第十五次締約國大會的失敗以及自願承諾，為後續的締約國大會蒙上陰影，維基解密（Wikileaks）揭露，美國因玻利維亞和厄瓜多反對哥本哈根協議，而削減了對他們的援助資金，這一點更進一步加深了陰影。經過五年多的時間，協商才從歐巴馬和美國談判代表造成的混亂中恢復過來。在坎昆（Cancun）的第十六次締約國大會和在德班（Durban）的第十七次締約國大會中，《聯合國氣候變遷綱要公約》的協商逐漸回歸正軌，旨在於取得具有法律約束力的目標。REDD+（詳見第 176 頁說明）有顯著的進展，在本章稍後會討論。然而要到二〇一二年十二月在杜哈（Doha）的第十八次締約國大會才達成協議，從二〇一三年一月一日展開第二個承諾期，為期八年。這確保所有的京都機制和會計規則在此期間維持完整，締約國可以檢討各自的承諾，並且考慮提高。這些全都替未來的全球氣候協議奠定了基礎，並在二〇一五年巴黎的第二十一次締約國大會加以實現（圖 34）。

二〇一五年巴黎氣候協商很成功，主要是因為法國主辦方深刻了解國際談判的重要性，並運用種種策略讓各國共同努力達成全體簽署協議。協議中規定，各締約國必須將氣溫控制在「比工業化前高出攝氏 2 度以內，並且致力於將氣溫

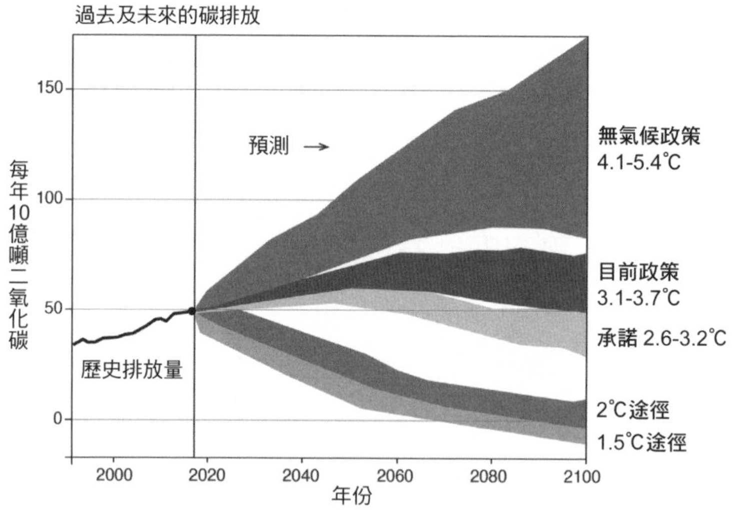

圖 34 依據不同碳排放量的可能未來全球暖化情況。

上升限制在比工業化前增加攝氏 1.5 度的範圍內」。巴黎會議是一場豪賭的地緣政治紙牌戲，令人驚訝的是，相對弱勢的國家表現比預期中好得多。氣候談判受到一連串聯盟轉移的影響，遠超過平常的收入富裕北方國家和收入貧困南方國家的結盟。

首先至關重要的是美中外交，因為兩國都同意限制碳排放。再來，由開發中國家新結盟的「氣候脆弱論壇」（Climate Vulnerable Forum），推動攝氏 1.5 度目標在政治議程中得到更高的重視，使其成為協議中提到的關鍵目標。有了《巴黎協定》的政治支持，IPCC 得以撰寫重要的《全球升溫 1.5℃特別報告》，並且在二〇一八年發表。報告中記錄了升溫介於攝氏 1.5 度和 2 度之間時，世界所面臨的衝擊劇增，也記錄了該如何實現 1.5 度目標的世界——如上所述，要在二〇五〇年之前達到淨零碳排放，接著在本世紀剩下的時間內除去大氣層中的碳（圖 35）。世界越快達到淨零碳排放，二〇五〇年到二一〇〇年之間要從大氣中去除的碳就越少。《巴黎協定》只是這個過程的起點，因為考慮到所有國家的承諾，假設全都能實現的話，這個世界仍將升溫約攝氏 3 度（圖 34）。

二〇一七年時，《巴黎協定》遇到重大挫折。川普總統宣布美國退出協定，因為他認為該協定不公平，偏袒發展中國家。根據《巴黎協定》第二十八條款的規定，簽署國必須在該協議起始滿三年後，才能提交退出通知。因此美國最早可能生效的退出日期是二〇二〇年十一月四日——也就是二〇二〇年美國總統大選後一天。剛當選的拜登總統首要行動之一，就是重新讓美國參與《巴黎協定》。

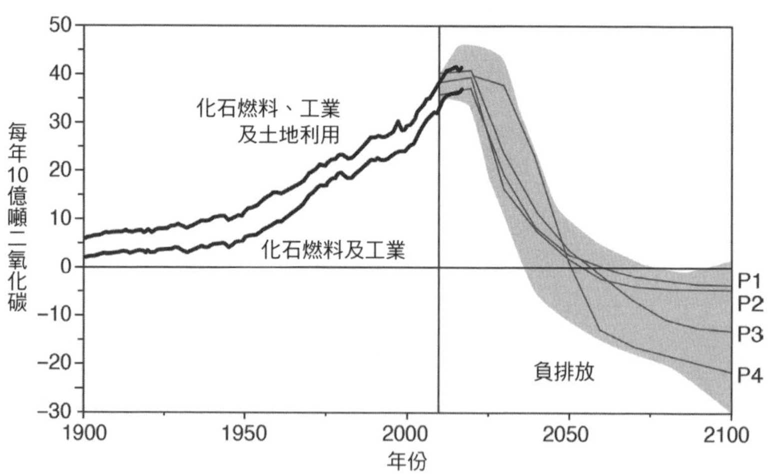

圖 35 實現升溫攝氏 1.5 度的世界。

新總統還面臨了額外的挑戰，因為在川普總統四年任內，有近百項環境規定和法規已經廢除或正在撤銷中。其中包括取消歐巴馬政府對車輛燃油效率和排放標準的限制、降低燃煤發電廠的碳排放標準以及削弱高效照明法規，這表示在二〇二〇年之後仍然可以買到照明效率比較低的燈泡。

川普總統還批准了兩條引起爭議的石油管線（基石 XL 輸油管及達科塔輸油管），允許幾乎所有的美國水域進行鑽探、開放在阿拉斯加北極國家野生動物保護區鑽探，從而大幅擴大了石油和天然氣勘探的範圍。二〇二一年時，拜登總統取消所有這些行政命令，讓美國重新加入《巴黎協定》，大舉投資低碳技術和基礎設施，並承諾到二〇三〇年時，將美國的碳排放量減少 50%，要在二〇五〇年時實現淨零碳排放。

格拉斯哥 2021 以及夏姆錫克 2022

二〇二一年，英國和義大利共同主辦了在格拉斯哥（Glasgow）的第二十六次締約國大會，該會議因新冠肺炎疫情延遲了一年。這是繼《巴黎協定》後首次全球盤點，各國提出自己的國家自定貢獻（NDC）或減少溫室氣體排放承諾。提交的國家自定貢獻顯示，目前全球 90% 以上的國內生產總額都設定了淨零排放目標。如果所有的國家自定貢獻都能實現，那麼全球氣溫上升就能控制在攝氏 2.4 度到 2.7 度之間，遠高於《格拉斯哥氣候協定》（Glasgow Climate Pact）中，由 197 個國家全體簽署重申的《巴黎協定》攝氏 1.5 度目標。因此二〇二二年在埃及的第二十七次締約國大會，要求各國重新提出更有雄心的國家自定貢獻，打破了《巴黎協定》的五年週期。不過這一次並未實現，因此在阿拉伯聯合大公國的第二十八次締約國大會又提出了新的呼籲。《格拉斯哥氣候協定》也呼籲逐步淘汰煤炭並取消低效率的化石燃料補貼——這是國際氣候條約中首度提到化石燃料。第二十六次締約國大會成功完成第六條款，也就是管理各國與其他組織之間的碳排放和碳匯之監督與交易。二〇二二年時，在夏姆錫克（Sharm El Sheikh）舉行的第二十七次締約國大會進展不大，雖然達成了建立「損失和損害」機構的協議，但是誰該支付費用，誰能要求賠償，都必須在未來的會議中協商。二〇一〇年由已開發國家每年提供

1,000 億美元給發展中國家協助快速脫碳的承諾，仍然尚未實現。

《聯合國氣候變遷綱要公約》的過程是否有瑕疵？

《聯合國氣候變遷綱要公約》的方式已被指出有各種缺陷，以下是其中某些主要問題。

成效不足：

在大家眼中，《聯合國氣候變遷綱要公約》第一個缺陷在於儘管進行了 25 年的談判，卻沒有達成任何持久的協議。如上所述，就算如果能遵守所有的承諾，目前的《巴黎協定》仍會造成至少攝氏 3 度的全球暖化（圖 34），以及表 4 中描述的相關衝擊。

缺乏執行機制：

國際協定和條約的根本問題在於缺乏真正的執行方法，這是美國在提出《哥本哈根協議》時使用的論點之一，認為即使有法律約束力目標，實際上也必須是自願的，由各國自行決定是否遵守。這就是為何在地區層級（如歐盟）和國家層級（如英國的《氣候變遷法》〔Climate Change Act〕）皆需要政策和法律的原因。將國際條約化為現實的唯一途徑是透過地區和國家法律，需要這種多層級的治理來防止特定系統被濫用。

綠色殖民主義：

許多社會學家和政治學家對整體氣候談判提出了哲學上和道德上的疑慮，主要的擔憂在於，這些談判反映出某種殖民主義，因為大家認為富裕的已開發國家對比較貧窮的國家下指導棋，要求他們按照指示的方法和時程去發展。多年來，像是印度和中國這樣的國家一直在抵制減少排放量的呼籲，聲稱這會損害他們的發展以及減緩貧困的努力。其他國家支持的措施包括「清潔發展機制」（Clean Development Mechanism, CDM），讓已開發國家支付發展中國家減少排放的費用，並可計入已開發國家的減量排放目標。另外也會提供發展紅利，把資金從富裕國家轉移到比較貧窮的國家。

但是清潔發展機制計畫有80%的額度分配給了中國、巴西、印度和韓國等最富有的發展中國家，因此資金並沒有流向全球最貧窮的國家。此外，清潔發展機制的額度有60%已經由英國和荷蘭購買，導致非常不平衡的金融交易。

國家方法對產業方法：

《聯合國氣候變遷綱要公約》的方法還有另一個問題，根植於民族國家概念中，在據稱自由貿易的全球資本主義世界中是個重大問題。例如美國若想透過《巴黎協定》減少重工業的碳排放量，可以對鋼鐵和混凝土生產徵收碳排放稅。如果世界上其他的國家沒有這樣的限制，他們的產品就會比較便宜，即使包含送到美國的運輸成本在內也還是便宜，但透過船隻、飛機或公路運送，都會造成更多的整體二氧化碳排放，因此全球經濟可能會破壞任何國家想要減少排放量的努力。一種替代方案是在產業層面上制定全球協議，例如針對生產每噸鋼鐵或混凝土的碳排放量達成全球協議，然後所有國家都同意只購買以這種低排放方式生產的鋼鐵或混凝土，形成更公平的貿易方案，國家就不會因為產業轉型成低碳排而蒙受損失。當然，問題在於如何監督這麼多不同產業領域中的這類計畫。

碳交易

許多政治家提倡使用區域或全球碳交易計畫，最成功的碳交易系統是「總量管制和交易」（cap and trade），由政治家設置一個限額，也就是允許範圍內的最大污染量，接著設立一個交易系統，好讓不同的產業可以交易彼此的額度。大家承認不同產業的淨化速度和成本不同，而這種交易系統能找出最具成本效益的方法。透過交易二氧化硫和氧化亞氮的排放量，這套系統在美國成功降低了空氣污染。一九九〇年的美國《潔淨空氣法》（Clean Air Act）要求電力公司把這些污染物的排放量降低到比一九八〇年少 850 萬噸。一九八九年的初步估計顯示需要花費 74 億美元，而根據一九九八年基於實際遵循數據的報告顯示，花費不到 10 億美元。

目前全球有超過 13% 的碳排放量已經納入國家或區域碳交易計畫，包括美國、加拿大、中國、南韓、日本、巴西、阿根廷、南非和歐盟的計畫。歐盟的碳排放交易系統（ETS）是規模最大、實施最久的碳交易計畫，涵蓋了超過1.1 萬個設施，淨能耗 20 兆瓦（MW），包括發電、黑色金屬生產、水泥生產、煉油廠、紙漿、造紙以及玻璃製造等領域。碳排放交易系統包含 31 個國家，由歐盟全體 28 個會員國，加上冰島、挪威和列支敦斯登一起組成。碳排放交易系統涵蓋了歐盟一半的二氧化碳排放量和 40% 的總溫室氣體排放量，根據「總量管制和交易」原則，各國設施能排放的溫室氣體總量都有設定限額。「排放額度」可以拍賣或免費分配，並可進行交易。各設施必須監測並回報二氧化碳排放量，確保提交足夠的配額給有關當局，用來抵付他們的排放量。如果排放量超過了允許的限額，該設施就必須向其他人購買額度；反之，如果某個設施在減少排放量上表現良好，就可以出售剩餘的額度。如此讓系統能找出最具成本效益的方式來減少排放量，而不需要政府大力干預。碳排放交易系統依安排分四階段進行，分別是二〇〇五年到二〇〇七年、二〇〇八年到二〇一二年、二〇一三年到二〇二〇年，以及二〇二一年到二〇三〇年。在每個階段中，可用額度的總量都有減少，涵蓋的領域及產業數量則是增加，利用這種漸進的方法來儘快降低排放量。二〇二〇年時，據估計歐盟的碳排放交易系統在二〇〇八年至二〇一六年之間，已經減少了10億噸以上的二氧化碳排放量，換句話說占歐盟總排放量的3.8%。不過歐盟的碳排放交易系統也受到批評，因為排放限額的規定不夠嚴格，導致碳價很低。在英國，額外加入的「碳底價」（carbon price floor）機制，即政府制定的最低碳價，對於淘汰煤炭的能源組合相當重要。

REDD+

在氣候變遷談判中，關於建立森林砍伐機制的想法，首度提出是在二〇〇五年蒙特婁（Montreal）的第十一次締約國大會，當時稱為「減少毀林及排放溫室氣體計畫」（Reduced Emissions from Deforestation, RED）。聯合國的「減少毀林及森林退化之溫室氣體排放計畫」（Reducing Emissions from Deforestation and Forest Degradation, REDD）在二〇〇七年峇里島的第十三次締約國大會原則上獲得同意，後來進一步修訂為「減少毀林及森林退化之溫室氣體排放及保育、永續管理和增加森林碳存量計畫」

（REDD+），其中的「+」代表保障當地人民以及生態系統和生物多樣性。REDD+ 被視為是雙贏的解決方案，能夠保護森林和生態系統，促進森林再造，並且保護和補償森林居民因為林地受剝削而損失的收入。計畫中的每個項目都必須提交供驗證，以確保能夠提供雙贏的成果，之後才能得到資金，開始進行。

在二〇一三年的第十九次締約國大會上，REDD+ 有了進一步的發展，達成了「華沙 REDD+ 機制架構」，內容包括該如何監控、測量、報告和驗證森林的變遷及額度。其餘的決定在二〇一五年巴黎的第二十一次締約國大會上完成，包括如何使用非市場方法匯報保障措施，以及如何說明非碳的益處。因此到了二〇一五年的時候，《聯合國氣候變遷綱要公約》關於 REDD+ 的規章手冊已經完成，鼓勵各國實施並加以支持，也就是《巴黎協定》中的第五條款。這是更廣泛條文的一部分，明定所有國家都應該採取行動，保護並增強溫室氣體碳匯及吸儲庫，例如像是森林。

二〇〇九年時，由於美國不肯讓步加上全球金融危機的衝擊，《哥本哈根氣候協商》並未達成任何繼《京都議定書》之後的協議。足足六年之後，氣候協商才回到正軌，成功舉辦第二十一次締約國大會，簽署《巴黎協定》。二〇二〇年時，在格拉斯哥的第二十六次締約國大會由於新冠肺炎疫情而延遲。不同於全球金融危機，全球大流行並未阻撓氣候協商，全球反而有越來越多的企業、組織和個人，呼籲在疫情過後，實現更好、更健康、更安全的世界。這是因為世界看到了政府、產業和公民社會之間能有不同的關係——把公民的健康和福祉擺在國家或少數人的經濟利益之前。此外，全球要在二〇五〇年實現「淨零碳排放」的新敘事非常強大，討論的焦點從如何減少排放量，轉變成何時才能完全擺脫碳排放。這是一項大挑戰，因為在不到 30 年的時間內，我們必須從每年排放 400 多億噸的二氧化碳降低到零（圖 36）。《巴黎協定》明確指出，如果想要穩定氣候變遷，即使只有攝氏 2 度，我們也必須全面轉型，包括全球的能源生產、工業、基礎建設以及個人行為。事實上，我們必須用盡各種解決方法來對付氣候變遷。

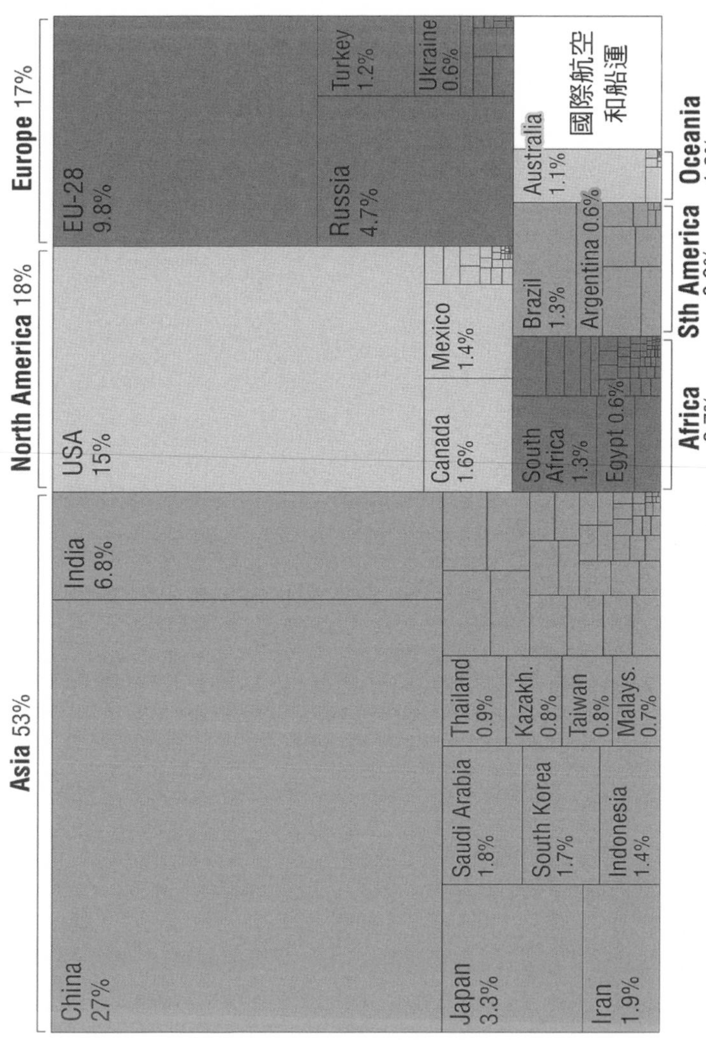

圖 36　各國二氧化碳排放量百分比。

第八章
解決方法

前言

氣候變遷的解決方法有三種類型，第一種是調適，為人口提供保護措施，讓他們免於受到氣候變遷的衝擊。第二種是減緩，簡單來說就是減少碳足跡，藉此逆轉溫室氣體排放量不斷增加的趨勢。第三種是地球工程學，包括從大氣中大規模抽取二氧化碳或是修正全球氣候。

調適

氣候變遷的衝擊已經出現了，隨著全球氣溫持續上升，這些影響將會增加。IPCC 第六次評估的第二份報告研究了氣候變遷的影響，以及各國環境和社會經濟系統潛在的敏感度、調適力和脆弱度。IPCC 提出了六個明確的理由，說明為何我們必須調適氣候變化：

一、即使迅速將排放量減低到零，也無法避免氣候變遷的影響（詳見第四章）。

二、相較於最後關頭才強制實施的緊急補救措施，預期及預防調適措施更有效且成本更低。

三、氣候變遷可能比目前的估計更快、更明顯，而且可能發生意想不到的極端事件。

四、妥善調適氣候變化和極端天氣事件，能立刻獲得好處（例如針對暴風雨的風險，必須實施嚴格的建築法規和改進疏散辦法）。

五、停止不適合的政策和做法也能立刻獲得好處（例如，不再在洪泛平原和脆弱的海岸線上大興土木）。

六、氣候變化帶來威脅也帶來機會。圖 37 提供了例子，說明國家如何調適預測中的海平面上升。

氣候變遷的主要威脅是不可預測性（詳見第六章），正如先前所述，人類之所以能生活在各種極具差異的氣候環境下，從炙熱的沙漠到冰封的北極，是因為我們能夠預測必須應付的極端天氣。隨著氣候變遷衝擊增加，天氣將變得更加極端、更不可測。所以需要實質上和社會上的調適，才能保護大家的生命與生計。

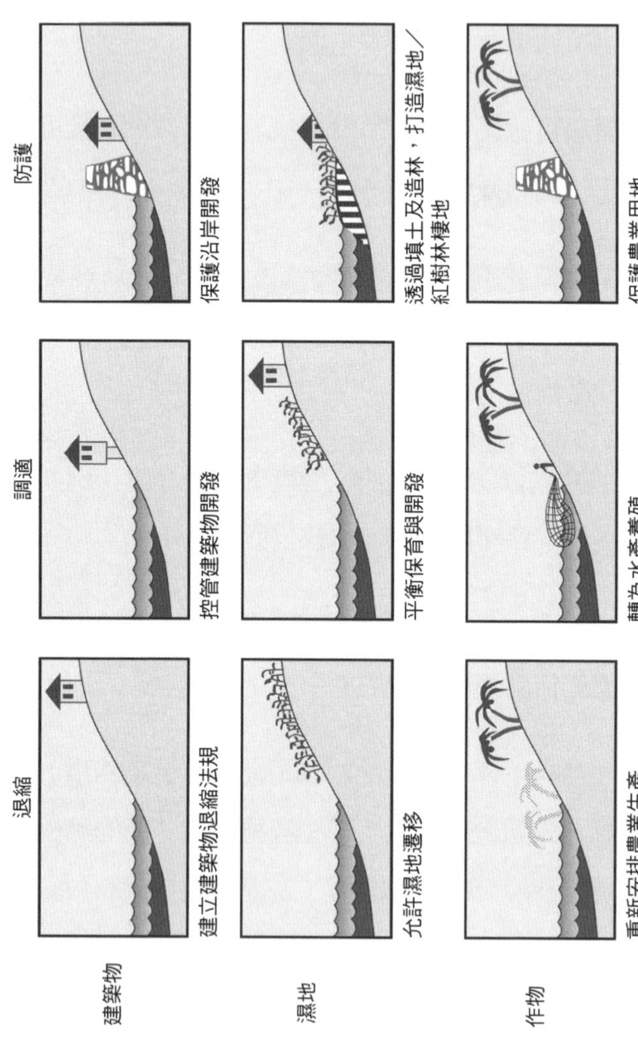

圖 37 未來海平面上升的應變策略模式。

實質上的調適需要我們去思考該如何改變基礎建設，例如是否需要建造更好的海岸堤防、更多的水庫、修復濕地或是改裝建築物加裝空調？在許多國家，這些大型基礎設施計畫需要長達 30 年的時間去規畫、開發及興建。

以應對海平面上升為例（圖 38），需要 10 年的時間去研究和規畫適當的應對措施，另外 10 年時間去進行全面的諮詢和法律程序，再 10 年去實行這些改變，接著需要再 10 年的時間讓自然修復，以完成海平面調適計畫（圖 38）。

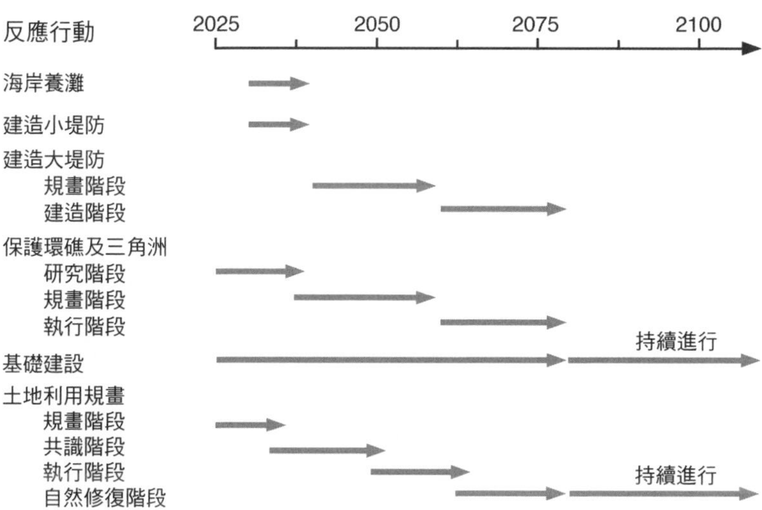

圖 38　對抗氣候變遷應變策略的前置時間。

這個過程的好例子是目前保護倫敦免於洪患的泰晤士河防洪閘：它是為了應對一九五三年的嚴重洪患而開發，但一直要到 31 年後，到了一九八四年才正式啟用。

我們也必須考慮社會調適和民眾行為的變化，二〇〇三年歐洲熱浪發生之後，法國徹底重新評估了對於危機的公共衛生應變，他們改變了一切，包括：與大眾的溝通、對脆弱個人的健康檢查、地方上的健康應變以及醫院的入院和治療措施。據估計在之後的熱浪中，由於這些社會調適措施，死亡人數減少了 75% 以上。在許多國家，食品和用水安全會是主要問題，因此制定政策很重要，確保民眾即使無法負擔，也能取得食物和乾淨的用水。在許多方面，面對氣候變遷最重要的調適措施是良好的治理，才能制定政策，付諸實行，保護社會上最脆弱的人。

不過調適也有其限制，在某些地區，氣候變遷的衝擊之大，可能超出我們保護當地居民的能力或財力範圍。持續上升的海平面表示許多小島國家可能變得不堪居住，人口必須搬遷。二〇一九年時，印尼總統佐科威（Joko Widodo）宣布，該國首都將從爪哇島的雅加達遷移到婆羅洲島的東加里曼丹省（East Kalimantan），這麼做部分是為了減輕首都的壓力，解決印尼的不平等問題，但也是因為雅加達正在下沉。即使有設計用來保護居民的海堤，雅加達北部地區仍以每年大約 25 公分的速度下沉，這是由於海平面上升和從淺含水層抽取淡水，導致下沉。

另外的問題是，調適需要即刻投入資金，但是許多國家並沒有這筆錢，即使可以籌措資金，他們的人民也不願意繳納更多的稅款來保護自己的未來，因為大多數人都是為當下而活。儘管我們討論過的所有調適方法，長期來看都能替當地地區、國家和全世界省錢。但許多國家的選舉週期很短，只有 4 到 5 年，這表示政客總是考慮短期，很少思考長期，侷限了他們對於調適計畫的洞察力和投資，

減緩

要在二〇三〇年之前減半全球的碳排放量，並且在二〇五〇年時實現淨零，非常具有挑戰性。這表示我們需要儘快用上每一種可行的解決方案。有些好消息，過去 10 年來，

全球國內生產總額成長與碳排放量已完全脫鉤，全世界的國內生產總額大幅增長，但碳排放量只有小幅增加（詳見圖 39）。現在我們該做的是讓關係倒轉，在國內生產總額成長的同時，減少碳排放。二〇二〇年時，國際能源總署（IEA）和國際貨幣基金組織（IMF）發表報告，建議大規模投資潔淨能源，此舉將創造數百萬個新的工作機會。新冠肺炎流行期間，大家意識到能源的產生和使用是降低碳排放的關鍵。這份報告概述了大規模的住宅翻新計畫、化石燃料

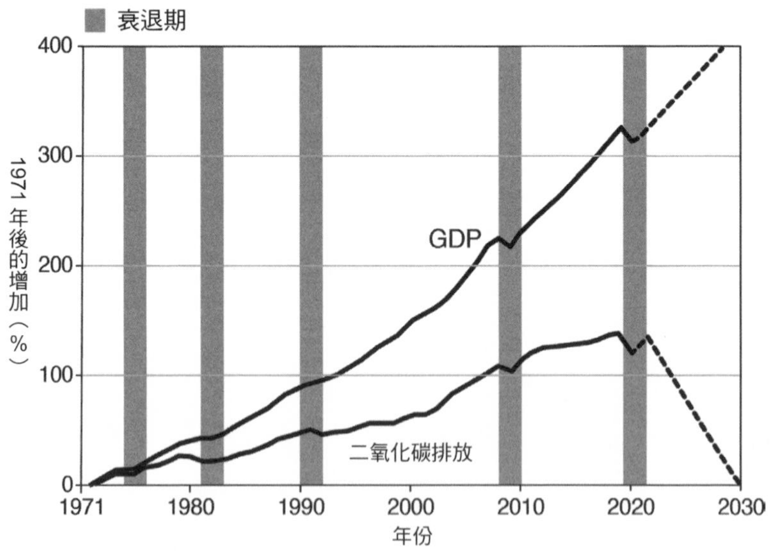

圖 39 1971 年以降的國內生產總額與碳排放量成長比較。

補助改革以及再生能源和電網的擴張。以下是其中幾個討論的解決方案。

替代、再生或潔淨能源

化石燃料是一項很棒的發現，讓這個世界能以史上前所未見的速度發展，已開發國家的高水準生活，建立在便宜且相對安全的化石燃料之上。但是燃燒化石燃料造成了改變全球氣候的意外後果，因此在二十一世紀，我們需要從化石燃料能源轉為低碳或碳中和能源，包括太陽能、生物能、風能、水力、波浪能和潮汐能。

太陽能：

地球平均從太陽接收到343瓦特／每平方公尺（W/m^2）的能量，但整體只有得到太陽傳送能源的二十億分之一，太陽是能源的終極來源，植物已經利用了數十億年。目前我們可以直接把太陽能轉換為熱能或電力，並且透過培養生質燃料，取得光合作用產生的能源。最簡單的方法是透過太陽能加熱，小規模如在陽光充足的國家，建築物可以在屋頂安裝太陽板，用於加熱水，大家就能享受零碳排放的熱水澡。大規模如運用拋物面鏡，用來聚焦太陽能產生熱液體（水或油）以驅動渦輪機發電。最適合設置太陽能電廠的地方是低緯度的沙漠地區，每年多雲的日子很少。一九八〇年代以來，美國加州開始興建太陽能電廠，如今許多其他國家也有建造。太陽能光電板把陽光直接轉換成電力，每道太陽光束射到太陽能板後就會讓內部的電子移位，產生電流。太陽能板的主要優點是可以擺在需要能源的地方，避免一般傳送電力所需要的複雜基礎設施。過去 10 年來，太陽能板的效能大幅提升，目前最佳商用太陽能板的效能大約是 23%，遠勝過光合作用的 1%。太陽能板的效率在冬季會提高，因為它們在寒冷的溫度下運作得更好，不過當然也會因為白晝變短、陽光變弱而產生比較少的電力。由於大量投資技術，太陽能板的價格也已經大幅下降。

生質燃料：

這是透過光合作用，將太陽能轉換成植物生質的產品，可用於生產液體或固體燃料。全球經濟以液態化石燃料為基礎，尤其是運輸業，因此在短期內，從植物中提煉出來的燃料可以做為一種過渡的低碳方式，用來驅動汽車、船隻和飛機。最終的未來趨勢是電動車，因為所需的電力可以利用碳中和的方式來生產。然而這種能源不適用於飛機，傳統的航空燃料「煤油」結合了相對的輕量和高能源輸出，科學家目前正在進行研究，試圖生產出夠輕、夠強力的生質燃料來取代煤油。全球有許多發電廠已經改造，改為燃燒木質顆粒而非煤炭或天然氣，以產生蒸汽驅動渦輪機發電。批評人士則認為，木質顆粒並非永續，碳足跡並不如所聲稱的那樣低。

風能：

風力發電機如果夠大，最好位於海上，那麼會是很有效率的發電方式。理想情況下，渦輪機要有自由女神像的大小，才能實現最大效能。倫敦陣列（London Array）的興建地點位於泰晤士河河口，距離肯特海岸 12 英里，由 175 座渦輪機組成，產生的電力超過 2,500 兆瓦，是全球最大的的離岸風場，能替多達 50 萬個家庭提供用電，每年減少將近百萬噸的有害二氧化碳排放量。不過風力發電機存在一些問題，首先是它們無法穩定提供電力，如果風不吹或風太大，那就無法發電。其次是人們不喜歡風力發電機，覺得它們太醜、太吵，而且擔心可能會對當地自然棲地造成不良影響。這些問題都算容易解決，只要把風場設置在偏遠地區（例如海上），遠離具有特殊科學或自然價值的區域即可。近來的研究顯示，即使風力發電機在靠近陸地的地方，對於當地野生動物的影響也不太大，甚至沒有影響。有項研究顯示，理論上全球的風力發電量能能超過 125,000 兆瓦，這是目前全球電力需求的五倍。

波浪能和潮汐能：

波浪和潮汐動力也是未來重要的能源來源，概念很簡單：把海洋中波浪形式的連續運動轉化為電力。不過說起來容易，執行起來並不容易，這個領域的專家表示，波浪技術比太陽能板的技術落後了 20 年。比起太陽能和風能，潮汐動力有個關鍵優勢——它能持續不斷。任何國家的能源供應若想維持穩定，必須至少要有 20% 的生產保證，稱為基線需求。要轉換成替代能源，就必須開發能提供一致基線需求的能源新來源。

水力：

水力發電是全球重要的能源來源：二〇一〇年時，水力供應了全球 5% 的能源。電力大多來自大型水壩工程計畫，這些工程可能會有重大倫理問題，因為必須淹沒大片土地才能建造水壩，需要大規模遷徙居民並破壞當地環境。水壩也會減緩河水的流速，使得肥沃的淤泥無法在下游沉積。如果河流跨越國界，就可能會有水權和淤泥歸屬的問題。例如孟加拉下沉的原因之一，是由於印度在主要河流上方修建水壩，導致缺乏淤泥。關於水力發電廠能減低多少溫室氣體排放量也有爭議，因為即使發電不會產生任何碳排放，但水壩淹沒區域造成的植被腐爛會釋放出大量的甲烷。

地熱能：

我們腳下的地球內部深處有熱熔岩，在某些地點像是冰島或肯亞，熱熔岩非常接近地表，可以用來把水加熱製造蒸汽。這是一種絕佳的無碳能源來源，因為由蒸汽產生的部分電力，可以用來把水抽送到熱熔岩下。可惜的是，這種方式的利用受到地理因素限制。不過還有另一種方式可以利用地熱，所有的新建築物下方都可以挖掘鑽孔，安裝地熱泵，接著把冷水抽送到這些鑽孔內，用地熱把水加熱，降低建築物供應熱水的成本。這種方法幾乎世界上任何地方都適用。

核分裂：

像鈾這樣比較重的原子分裂時，就會產生能源——這個過程稱為核分裂。過程中的直接碳足跡很少，但是開採鈾礦、興建核電廠、除役核電廠、安全儲存及處理核廢料等過程，都會產生大量碳排放。目前全球有 5% 的能源由核能發電產生。新一代的核電廠效率極高，能達到理論上將近 90% 的能源產量。核電的主要缺點是會產生高放射性廢料，引起安全上的擔憂，儘管效率改善已經降低了廢料的產量，新一代的核子反應器也內建了最新的安全裝置，但是一九八六年的車諾比核災以及二〇一一年的福島第一核電廠事故，皆說明核電廠仍然存在安全風險，容易受到人為疏失和自然災害的影響。不過核電廠的優點是可靠，能提供能源組合中所需的基本負載，需要的技術也都有了，並且經過充分測試。

核融合：

兩個小原子核融合在一起時就會產生能量，這是太陽和其他恆星發光發熱的過程。理論上，在海水中發現的重氫也就是氘（deuterium），可以結合另一種重氫同位素氚（tritium），產生的唯一廢棄物是不具放射性的氦氣，當然問題在於如何才能讓這些原子核融合。太陽的融合發生在極度高溫和高壓下的核心部位，目前世界各地的核融合技術都有重大進展，不過目前需要的是大量投資，好讓核融合具有商業價值。

碳捕捉與封存

在工業程序中去除二氧化碳可說是既棘手又昂貴，因為不只要把氣體去除，還必須儲存在某處。二〇〇五年發表的 IPCC《二氧化碳捕捉與封存特別報告》（*Special Report on Carbon Dioxide Capture and Storage*）總結指出，目前確實有碳捕存（CCS）的技術，但是商業經驗很少，無法配置全部所需組成部分，去打造完全整合的碳捕存系統，以符合未來需要的規模。包含碳捕存在內的發電成本將會提高至少 15%，甚至可能高達 100%。並非所有回收的二氧化碳都需要儲存，有些可以用在提高石油採收率技術、食品工業、化學製造（生產碳酸鈉、尿素和甲醇）及金屬加工業。二氧化碳也可以應用在生產建材、溶劑、清潔劑及包裝材料，或是用來處理廢水。實際上，大部分工業程序內捕捉到的二氧化碳都必須加以儲存。據估計，全球石油和天然氣儲備量燃燒所產生的二氧化碳，理論上有三分之二都能儲存在相對應的儲存庫中。其他的估計則顯示，光是天然氣田就可以儲存 90 到 400Gt，另外 90Gt 可以儲存在含水層中。

海洋也可以用來處理二氧化碳，提議包括利用水合物傾倒儲存：在高壓和低溫下混合二氧化碳與水，創造出固體或水合物，因為比周遭的水重，因此可以沉到海底（詳見圖 32）。另一個比較近期的提議是把二氧化碳注入巨大熔岩流中的破碎火山岩，深入半英里的地下，二氧化碳會與滲入岩石中的水產生化學反應，酸化的水會溶解岩石中的金屬，主要是鈣和鋁。一旦跟鈣形成碳酸氫鈣（HCO_3），就不會再冒泡逸出，就算逸出到海洋中，碳酸氫鈣相對也比較無害。海洋儲存有個額外的複雜因素，就是海洋會循環，因此不管怎麼傾倒二氧化碳，最終都會有部分回流。除此之外，科學家對於這種解決方法對海洋生態系統的影響非常不確定。

這些儲存方法的最大問題就是安全性，二氧化碳是一種非常危險的氣體，因為比空氣重，會導致窒息。一九八六年時發生了強而有力的證明事件，喀麥隆西部的尼奧斯湖（Lake Nyos）有大量二氧化碳外洩，造成 1,700 多人以及 25 公里以內的家畜死亡。以前雖然也曾經發生過類似的災難，但從來不曾有這麼多的人和動物在單一短暫事件中因窒息而喪命。科學家如今認為，原本附近火山溶解的二氧化碳從下方的泉水滲入湖中，因為湖水的重量而封存在深水中。一九八六年時，一場雪崩擾動了湖水，導致整個湖泊發生翻騰作用，爆炸性釋放出所有封存的二氧化碳。儘管如此，大量開採的古代二氧化碳往美國各地抽送，用來提高石油採收率，卻沒有回報過任何重大事故。從事這些管線工作的工程師認為，這些管線比大多數穿越美國主要大城市的天然氣和石油管線更安全。

交通運輸

減緩溫室氣體排放的重大挑戰之一是交通運輸，目前交通運輸占全球溫室氣體排放的 14%。在許多已開發國家，儘管經濟每年增長，能源生產、商業及住宅部門的碳排放量都在下降，但交通運輸的排放量仍然在增加，主要來自汽車和航空業。發展中國家有許多人也渴望達到已開發國家的水準，擁有汽車、從事國際旅遊，因此交通運輸的排放量很可能還會大幅增加。

過去 10 年來，電動車在續航里程和性能上有了長足的進步，一般公認是未來的趨勢。二〇二〇年的新冠疫情促進了對電動車的接受度，疫情時間，由於封鎖措施，許多地區的道路交通幾乎停滯，人人都注意到空氣品質有了重大改善。如果全面轉換成電動車，空氣污染將會減少 50%，另外 50% 是因為輪胎、煞車皮和道路上的柏油碎石磨損，也會造成空氣污染。電動車對於碳排放的影響重大，不過得靠有低碳或碳中和的電力供應保證。英國從二〇三四年起只能銷售電動車，到二〇四〇年時將會禁止化石燃料引擎。在美國加州，二〇三五年之後銷售的大小客車都必須是零排放車輛。

國際海運和航空業占每年全球溫室氣體排放量的 3.2%，飛機很容易受到氣候變遷運動人士抨擊，因為國際航班是能見度很高的消費象徵，也從未受到國際條約規範。我們需要誘因來提高飛航的碳效率，並且最終要儘可能達到碳中和。根本的問題在於，目前有項國際條約禁止對航空燃料徵稅。《國際民用航空公約》（Convention on International Civil Aviation）又稱作《芝加哥公約》（Chicago Convention）於一九四四年簽署，至今已修訂八次，處理各國之間允許航班的規章與法規。公約中也規定，燃料、燃油、備用零件、標準設備和機上商店得豁免任何形式的賦稅，這表示若想透過徵收航空燃料的碳排放稅來促進效率提高，目前並不可行。這很可惜，因為如今我們不只能夠建造更有效率的飛機，也有替代燃料可以使用。我們可以發展生質燃料作為添加劑，甚至能取代傳統的航空燃料煤油。此外，透過從大氣中抽取二氧化碳，與水結合，也有可能製作出人造煤油。這麼做需要大量能源，不過如果利用再生能源電力，就有可能得到負碳排的航空燃料。要發揮作用，還是必須要實施規範或碳排放稅，如此一來，製作人造煤油才有成本效益。短期之內，由於航空業沒有真正的燃料解決方案，航空公司都很熱衷於參與碳交易，透過這種方式，航空公司就可以藉由確保在其他地方省下等量的排放量來「抵消」他們的碳排放量。

另一種選擇是勸說人們使用大眾運輸工具，不要自己開車或搭飛機。對於大多數人來說，顯然提供廉價又方便的電動公車、計程車、地鐵系統及鐵路，都有助於減少開車出行的次數。大眾運輸工具也有助於貨運物流，可以在夜間利用鐵路網來運輸貨物到國內外。鐵路也可用來取代國內和國際航班，根據計算，美國城市之間距離少於 600 英里的國內航班，都可以用時速 200 英里以上的高速電動「子彈列車」取代，提供更快速、更安全且更環保的交通方式。如此一來可以減少掉美國境內 80% 的航班，不過需要在東西岸之間營運高速鐵路，並且要能接駁芝加哥和亞特蘭大兩大樞紐。這類高速鐵路網已經出現在日本、韓國、中國部分地區以及歐盟，只要擴張到全球其他地方即可。

二〇二〇年到二〇二一年的新冠肺炎疫情提高了網際網路和視訊會議的使用率，顯示很多通勤都能免除，因為許多人更樂意在家工作。這場疫情也展現出許多國際會議，包括大型科學會議，其實利用遠距訪問技術也能成功舉辦。如果這能促使本地和國際旅行長期減少，將會更容易實現運輸網的脫碳。

化石燃料補助

減少碳排放的主要政治問題之一，與能源補助有關。首先，化石燃料享有大量補助，得以持續以相對便宜的價格生產石油、天然氣和煤。再來是提供補助與租稅獎勵給能源公司，鼓勵他們發展有價格競爭力的再生能源一事遭受阻力。國際貨幣基金組織最近一份報告顯示，化石燃料產業每年得到 5.2 兆美元以上的補助（將近是英國年度國內生產總額的兩倍），包括直接給付、減稅、降低零售價格以及氣候變遷損害的成本。其中政府至少提供了 7,750 億到 1 兆美元的補助，每年還有至少 4,440 億的直接融資，支持石油、天然氣和煤炭公司的探勘、勘採與開發。化石燃料還涉及龐大的安全成本，許多國家的外交政策與軍事策略很一大部分是要保護化石燃料的運送路線。美國軍方每年至少花費 810 億美元保護石油供應，相較之下，可沒有航空母艦保護風力發電機供應鏈，也沒有太陽能板的戰略矽儲備。

國際貨幣基金組織的報告顯示，化石燃料占全球所有補助的 85%，而且仍然是國內政策的重要部分。如果各國在二〇一五年透過減少補貼來建立高效能化石燃料價格機制，國際貨幣基金組織認為「這將使得全球碳排放量減少 28%，化石燃料空氣污染致死人數減少 46%，並且增加政府收入達 3.8% 的國內生產總額」。看來化石燃料補助對環境和經濟都不利。

那麼為何化石燃料補助仍然存在？這可能與主要石油和天然氣公司的所有權有關。在全球 26 大石油和天然氣公司中，只有 7 家是私人公司，其餘 19 家完全或部分歸國有。因此，國營企業為國家賺取了巨額利潤，為了確保能與其他石油和天然氣生產國競爭，也將繼續得到國家補助和減稅優惠。隨著水力壓裂開採技術和頁岩氣革命（shale gas revolution）——許多國家如美國和英國在地底發現了新的天然氣蘊藏——這種情況只會惡化。

碳交易、稅收制度及抵換

有三種主要政策方法可以用來協助減少碳淨排放。第一種減少碳排放的方法是對排放量大的活動和商品徵收碳稅，大部分的經濟學家認為，碳排放稅是限制排放最快又最有效的方法，對經濟的負面影響也最小。為了避免這些稅收成為退步的動力，這些收入應該用來幫助社會上最弱勢的人，他們會是受稅賦影響最大的人。碳排放稅已經在 25 個國家實施，有 46 個國家則是透過碳排放稅或是排放交易計畫，以某種形式對碳定價。

第二種方法是碳交易，正如第七章中所討論，透過發行碳許可額度來限制碳排放量。碳交易可以推動創新並降低成本，也是讓再生能源和碳捕存在經濟上可行的一種方式。某些排放交易系統允許公司購買國內或國際的碳抵換額度，以抵消其總排放量。

碳抵換的定義是減少二氧化碳或其他溫室氣體排放，以補償在其他地方所產生的排放量。這可以透過森林再造計畫增加碳儲存量，或是透過除役或去除排放量來實現（例如關閉燃煤發電廠）。主要的碳抵換系統有兩種：聯合國的清潔發展機制和自願市場。清潔發展機制在第七章中介紹過，包含由聯合國認證的計畫資助開發中國家，以達到顯著的溫室氣體減量。自願市場的碳抵換系統在二〇〇八年達到巔峰量，不過自二〇一八年以來大量增加，這是因為全球有許多公司採用了科學基礎目標，表示他們希望在二〇五〇年或更早就實現碳中和。這當中包括 15 家航空公司，像是易捷航空（EasyJet）、英國航空（British Airways）及阿聯酋航空（Emirates），分別都宣布了重大的碳抵換計畫。

碳抵換是一種重要的政策工具，有助於減少總排放量，尤其是在目前很難減少排放量的領域。我們需要新的國家和國際法規，以確保碳抵換受到妥善的監測和驗證。此外也需要監督，確保各公司不會鑽漏洞，藉由製造排放量來獲取減量的補助。例如有家中國公司，利用安裝價值 500 萬美元的焚化爐來燃燒製造冷媒時產生的氫氟碳化物，從碳抵換得到 5 億美元。許多公司仿效這種方法，但是如今抵換計畫已經不再允許氫氟碳化物。

森林再造與重新野化

從大氣中除去二氧化碳最重要的方法之一是森林再造與重新野化（rewilding）。自從有農業以來，據估計人類已經砍伐了 3 兆棵樹，大約占地球上樹木的一半，因此我們知道地球可以供養更大的森林面積。重新野化棲地和森林再造在將來會更容易實現，因為世界已經變得更加野化。這種說法看似有違常理，因為全球人口將從今日的 78 億增加到二〇五〇年的 100 億，但屆時會有將近 70% 的人生活在城市中，許多偏遠的農村地區將遭到棄置，適合復原成野地。在歐洲，從二〇〇〇年到二〇一五年之間，每年已經有 220 萬公頃的森林重新生長。在西班牙，領土的森林覆蓋率從一九〇〇年的 8% 增加到今日的 25%，而在英國，第一次世界大戰後森林覆蓋率低至 5%，如今已經恢復到 13%。

大規模森林再造不是空想，這麼做對人類有真正的好處。一九九〇年代晚期，中國西部環境嚴重惡化，大片土地變得像是一九三〇年代美國中西部的塵暴區一樣。當時推出了六項大膽的計畫，目標是在 1 億多公頃的土地上進行森林再造，「退耕還林」是其中規模最大、最廣為人知的一個。這些激進的植樹計畫效果驚人，因為樹木穩定了土壤，大幅減少了土壤侵蝕和洪患的影響。透過樹木的蒸散作用，增加了大氣中的水分，減少蒸發和水分損失。一旦森林達到關鍵的規模和面積，也會開始穩定降雨量，所有這些影響結合起來，能促進當地的農業生產。這個持續進行中的計畫也有助於減緩貧困，因為會直接付錢給農民，讓他們退耕，把土地用來再造森林。這是一個很好的例子，說明了氣候變遷需要的雙贏解決辦法，如此一來能夠增加碳儲存量，改善當地環境，也有助於減緩赤貧。

二〇一九年時，研究人員在期刊《科學》（*Science*）上宣稱，只要在 9 億公頃的土地上——大約相當於美國本土的大小——種植 1 兆棵樹，就能儲存多達 2,050 億噸的碳，大約占人類在大氣中碳排放量的三分之二。「兆樹計畫」（Trillion Trees Campaign）的口號引發大眾關注，就連川普總統在二〇二〇年世界經濟論壇（World Economic Forum）上也表示這是個好主意。唯一的問題是，產生這麼高碳量的研究有根本上的缺陷，事實上，IPCC 和其他研究顯示，新的森林到本世紀末平均可以多儲存 570 億噸的碳。這數字還是不算少，但是考慮到我們每年排放 110 億噸碳到大氣中，這只代表 5 年的人類污染量。因此，森林再造不是能迅速且深層減少化石燃料排放量的替代方案，不過在本世紀後半階段，我們需要負碳排放來維持全球暖化在攝氏 1.5 度以內，而打造負排放的關鍵方法之一就是透過森林再造。

目前已經有 63 個國家加入「波昂挑戰」（Bonn Challenge），承諾要把全球 3.5 億公頃的退化土地復原成森林，這個面積是英國的 15 倍之多。不過還有另一個問題，大規模的森林造林只有在全球現有森林覆蓋面積維持並增加的情況下，才能奏效。如前所述，自從巴西的極右派總統波索納洛上台以來，全球最大規模的亞馬遜雨林的砍伐增加，目前據估計每分鐘就有一個足球場大小的雨林遭到清除。

森林再造與荒地造林基本上受限於土地面積，因為樹木能承載的碳量有限。我們也必須謹記，森林再造並不一定是最好的選擇，這就是為什麼「重新野化」一詞會跟森林再造一起使用的原因。例如排乾濕地或泥炭地來種植森林只會產生反效果，因為會降低碳儲存量，也會大量損失生物多樣性。所以世界各地必須運用最適合的復原計畫，可能是修復濕地、保護泥炭地、重新種植紅樹林或是維持開闊草原。如果某個區域適合森林再造，就必須以目前及未來的氣候來考量，決定最適合該區域的物種，以及如何增加當地的生物多樣性和其他生態服務。「波昂挑戰」受到批評之處在於，大約有半數的承諾都是大規模商業造林。大型栽種只能在樹木生長期間把碳鎖住，一旦砍伐收成，大部分的碳就會釋放出來，並且單一作物栽培也不利於生物多樣性。

地球工程學或科技修正

地球工程學是一個通稱，指的是可以用來從大氣中去除溫室氣體或是改變地球氣候的技術（詳見圖 40）。在地球工程學的範疇內，各種想法從非常明智到極度瘋狂都有。地球工程學並不是大量減少全球溫室氣體排放的替代方案，相反地，大多數人認為地球工程學的解決方法是一種備案，在我們不能或不願意迎頭趕上快速減少溫室氣體排放的時候，可以派上用場。

移除二氧化碳：

有三種主要方法可以去除和封存大氣中的二氧化碳：生物、物理和化學方法。

（1）生物移除二氧化碳

有些研究人員試圖把森林再造與重新野化納入地球工程學的方案中，主要目的是希望看起來更合理。不過這麼做並不妥當，因為這些方法缺乏必要的工程規定。有項提議的工程方法是利用在海洋中添加鐵來提高二氧化碳的生物吸收率。已故海洋學家約翰・馬丁（John Martin）曾經建議，由於缺乏重要的微量養分，導致世界上許多海洋的產量不足，

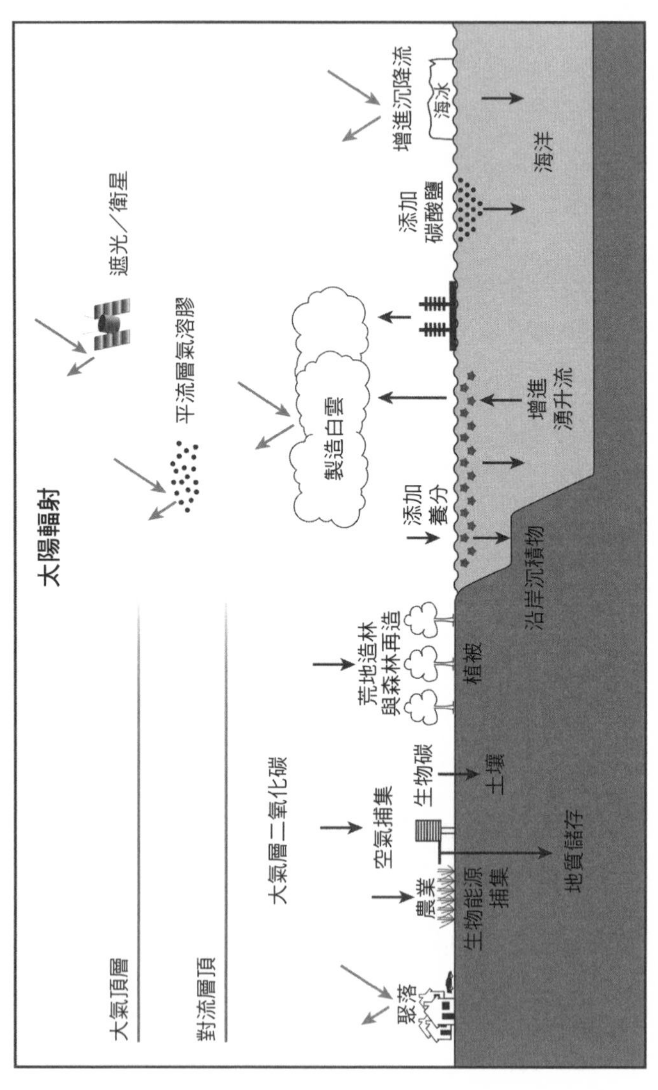

圖 40 地球工程學方法的範疇。

尤其是重要的鐵元素，能讓植物在表層水域生長。海洋植物需要微量鐵元素，缺少了就無法生長。大多數海洋接收從陸地上吹來富含鐵質的粉塵就已足夠，但是太平洋和南極洋的大片海域似乎沒有得到足夠的粉塵，因此缺鐵而生命貧瘠。馬丁建議我們可以用鐵給海洋施肥，以刺激海洋的生產力，額外的光合作用會把更多表層水中的二氧化碳轉化為有機物質。當這些生物體死亡之後，有機物質會沉到海洋底部，帶走多餘的碳，並且把碳儲藏在沉積物中，表層水中減少的二氧化碳則會由大氣中的二氧化碳重新補充。總而言之，在世界各大洋添加鐵可能有助於去除大氣中的二氧化碳，並且還能把移除的二氧化碳儲藏在深海沉積物中。在海洋測試這項假設的實驗結果很不穩定，有些實驗顯示根本沒有影響，有些則顯示需要添加大量的鐵才有用。然而最大的缺點是，如果停止添加額外的鐵，大部分額外儲存的二氧化碳就會被釋放出來，因為每年只有很少的有機物質能夠溢出透光層之外。給海洋施肥也會對海洋生態系統和生物多樣性造成重大影響，因為這是刻意的大規模優養化（eutrophication）。

（2）物理移除二氧化碳

直接從空氣中移除二氧化碳是有可能的，然而由於二氧化碳只占大氣的 0.04%，所以要實際做到比聽起來更困難也更昂貴。早期的想法是製造人造樹或塑膠樹，理論物理學家克勞斯・朗克納（Klaus Lackner）與工程師艾倫・賴特（Allen Wright）在氣候學家華里・布羅克（Wally Broecker）的協助下，設計出能夠從大氣中吸收二氧化碳的專利塑膠，之後再把二氧化碳從塑膠中釋放出來，加以儲存。這個計畫的第一個挑戰是水分，潮濕的時候，塑膠會將二氧化碳釋放到溶液中，因此塑膠樹必須放置在非常乾燥的地區，或是需要巨大的遮陽傘。第二個問題是建造、運作這些塑膠樹以及後續儲存二氧化碳所需的能量。第三個問題是規模，光是處理美國的碳排放量，就需要數千萬棵這種巨大的人造樹。相較於一般樹木，塑膠樹的優點在於生長週期沒有限制，而且理論上可以無限期儲存二氧化碳。其他從源頭或大氣中去除二氧化碳的技術也正在迅速發展，例如 Climeworks 科技公司利用巨大的風扇，直接從空氣中收集二氧化碳，生產純二氧化碳供工業過程使用，甚至是用來製造人造燃料。如今的問題是成本和融資，而不在工程技術。

（3）化學移除二氧化碳

透過風化的過程，在數百年到數千年後，二氧化碳會自然地從大氣中去除，速度是每年 0.1GtC 碳，比我們的排放量少了 100 倍。只有矽酸鹽礦物的風化會對大氣中的二氧化碳含量產生影響，碳酸造成的碳酸鹽岩風化作用會把二氧化碳歸還到大氣中，影響矽酸鹽礦物的水解反應副產物是碳酸氫鈣，會被海洋浮游生物代謝，轉化為碳酸鈣。海洋生物群的方解石骨骼殘骸最終化為深海沉積物，從全球生物地質化學碳循環中消失，成為沉積地點大洋地殼生命週期的一部分。

有些地球工程學想法的目標是為了增強自然的風化反應，其中一個建議是在農業用的土壤中添加矽酸鹽礦物，這麼做可以移除大氣中的二氧化碳，將其固定為碳酸鹽礦物和溶液中的碳酸氫鈣。這種做法所需規模非常大，對於土壤及肥沃度的影響也還未知。另一個建議是提高地殼中玄武岩和橄欖岩與二氧化碳的反應速率，把濃縮的二氧化碳注入地下，在地底形成碳酸鹽。冰島能源公司 ON Power 的地熱園區就是一個例子，由「碳固定」（CarbFix）計畫利用 Climeworks 科技公司提供的純二氧化碳，注入地底玄武岩層中。地熱再生能源為直接空氣捕集和二氧化碳注入提供了能源，初步估計這套系統每年可以從空氣中永久移除 4,000 噸二氧化碳。如此看來，冰島需要 1,000 座這樣的設備才能移除目前每年的總碳排放量。往好處看，這為我們提供了一個經過驗證測試的安全碳捕存系統。

太陽輻射管理：

減少直射或被地球吸收的陽光，就能減少總能量收支，不過這也可能讓地球冷卻。由上述內容可以清楚看出，某些地球工程學的解決方法仍然只是想法，需要有更多的研究才能確定是否可行。有關太陽輻射管理的想法尤其如此，其中有許多聽起來簡直像是出自糟糕的好萊塢 B 級電影，包括改變地球的反照率（詳見第四章），增加反射回太空的太陽能量，以平衡全球暖化造成的暖化（圖 40）。增加反射率的點子包括在太空中豎立巨大的鏡子、在大氣中注入氣溶膠、讓農作物更具反射性、把所有的屋頂都漆成白色、增加白色雲量，以及用反射性的聚乙烯鋁片覆蓋全球大面積的沙漠。

這些方法的基本問題在於，我們無法預測會對氣候造成怎樣的整體影響。來看看由亞利桑那大學天文調適光學中心（Centre for Astronomical Adaptive Optics）主任羅杰・安格爾（Roger Angel）提出的太空鏡子構想。首先這很昂貴，需要 16 兆艘蛛絲輕量太空船，耗資至少 1 兆美元，發射需時 30 年。再來就像所有的地球工程想法一樣，要想改變地球的反照率，未必會依照我們希望的方式去運作。這些方法的目標是要降低地球的平均溫度，但有可能會改變各緯度的溫度分布，而這會驅動氣候變化。有些氣候模型已經顯示，這些方法可能會造成不同的全球氣候，熱帶地區變冷攝氏 1.5 度，高緯度地區變暖攝氏 1.5 度，全球降水變化則無法預測。

地球工程治理

地球工程學面臨的主要問題之一，是如何管理參與調整全球氣候系統的不同團體、公司和國家。考慮到改變區域和全球的氣候可能對不同國家產生不同的影響，這牽涉到許多倫理問題。整體上的結果也許是正面的，但小幅度的降雨模式變化，可能導致整個國家的降雨量過少或過多，造成災難。關於對於地球工程學有三種主要觀點：（1）這是一種爭取時間的途徑，好讓《聯合國氣候變遷綱要公約》的談判能趕上進度，我們才能在二〇五〇年實現碳中和；（2）這代表了對地球系統的危險操控，本質上可能不道德；或者是（3）嚴格來說這只是一種保險政策，用來支援減緩及調適的措施，以免只有這些措施還不夠。即使可以進行研究，也有必要使用地球工程學的解決方法，但就像現代技術的許多新興領域一樣，我們需要新的彈性治理和監管架構。目前有許多國際條約與地球工程學有關，似乎沒有單一條文適用於所有情況。因此地球工程學就像氣候變遷，挑戰著我們看待世界的民族國家觀點，未來將需要新的治理方式。

如果我們想解決氣候變遷的問題，需要處理兩個基本議題。第一，如何把排放的溫室氣體污染降低到淨零，同時又能讓最貧困的國家能夠發展。目前全球人口超過 78 億，預計二〇五〇年時會增加到 100 億並趨於平穩。這表示會有將近 80 億人渴望擁有跟已開發國家相同的生活方式，如果他們依循同樣的發展途徑，助長這樣的消費者夢想，那麼本世紀的溫室氣體排放量可能會大幅增加。第二，整體社會是否準備好要投資相對小額的金錢（大約占全球國內生產總額的 1% 到 3%），來抵銷未來可能更昂貴的一筆帳。若是如此，那麼目前我們擁有的技術足以讓人口免於受到氣候變遷的影響，也能緩和預測中未來 80 年的龐大溫室氣體排放量。能源效率、再生能源、碳捕存、碳交易及碳抵換，都能發揮一定的作用。我們也必須考慮到「破壞式技術」（disruptive technologies），也就是可能還沒有想到的新技術，有可能會改變我們生產或使用能源的方式。例如大多數人無法想像沒有手機或電腦的生活，但這種技術其實才存在幾十年，顯示我們能夠快速調適變化。此外，能源使用和個人生活方式的改變，也代表隱含有巨大的賺錢機會，如第九章所述，可能會有許多雙贏的局面，在穩定地球氣候的同時又能提高生活品質。

第九章

改變未來

前言

氣候變遷的難題必須放在當前主導的政治和經濟局勢下來理解，唯有了解碳排放的根本社會和經濟成因，才有希望建立起能迅速減少碳排放的系統。在應付氣候變遷的同時，也需要確保解決其他的全球挑戰，例如全球貧困／不平等、環境劣化及全球不安全。未來的政策和國際協議需要提供雙贏的解決方案，以應付二十一世紀人類面臨的最大挑戰。

地球管理

儘管有大量證據表明氣候變遷正在發生中，科學家仍然面臨問題，那就是有少數大放厥詞的重要意見領袖，不斷否認氣候變遷。科學家的反應是收集更多的證據，這被稱為「欠缺模式」（deficit model）的回應，科學家們認為人們沒有下定決心去減緩氣候變遷，是因為缺乏資訊。

然而社會科學家發現，接受氣候變遷與科學幾乎沒有關係，而是與政治有關。接受氣候變遷代表了對英美新自由主義觀點的挑戰，那是一直以來許多主流經濟學家和政治家所抱持的觀點。氣候變遷顯示出市場的根本失敗，需要政府集體採取行動來規範工商業活動。最諷刺的事情之一，就是否認氣候變遷、認為這可能會威脅到自由市場價值的那群政客，也是最樂於支持每年補助化石燃料產業 5 兆多美元補助的那些人。所謂真正的自由市場只是神話，許多國家很樂於支持補貼，並限制進口。

新自由主義概括了一連串的信仰，包含：市場需要自由、國家介入應儘可能減少、堅定的私有財產權、低稅收制度和個人主義。新自由主義的基本假設是能提供一個基於市場的解決方案，讓人人都變得更富有。這種所謂的涓滴效應（trickle-down effect），過去 40 年來一直是新自由主義的核心概念，但沒有任何證據顯示有這樣的效應發生。全球有半數人口每天的生活費不到 5.5 美元，事實上，根據英國非政府組織樂施會（Oxfam）的計算，目前全世界最富有的 26 個人，擁有的財富相當於最貧窮的 38 億人所有。國際貨幣基金組織最近宣布，上一代的經濟政策可能徹底失敗。

二〇二〇年開始的全球新冠肺炎疫情也改變了許多人對於新自由主義的看法，世界各地的人民都看到了，政府、產業和公民社會之間可以有不同的關係——把健康和福祉放在國家或少數個人經濟利益之前的關係。當社會面臨真正的危機之時，需要強而有力的協調行動，會希望國家和科學專家出手，並且尋求公民社會的支持。民間部門可以發揮重要作用，例如在恐慌性搶購時確保糧食供應無虞，或者重新調整設備以生產必要的醫療物資或是製造疫苗。但是同樣地，也有許多公司想尋求政府提供貸款和紓困。

考慮到氣候變遷、生物多樣性喪失、疫情可能反覆發生等長期挑戰，新冠疫情帶來的重要教訓是自由市場無法保護我們，而是需要由專家指導的國家介入、整合並重視社會及社區，並以具支持性且有活力的商業環境為基礎，才能應付二十一世紀的氣候變遷以及其他挑戰。我們需要的是由政府領導並且以新的經濟理論為基礎的地球管理新時代。

採取行動

第八章提出了減少全球碳排放的可能解決方案，但是如果要在二〇五〇年實現淨零排放，我們必須實施所有的方案。「反轉暖化計畫」（Project Downdraw, https://drawdown.org）已經確認有 80 幾個高階解決方案，可以在不同的規模上實施，能達成在二〇五〇年減少 1,050GtC 碳排放量的需求。根據環境科學家布米克（Avit Bhowmik）及其同事的研究，圖 41 顯示出這些解決方案從個人到全球的實施情況。個人和家庭的行動可以去除 1,050GtC 的 14%，在城鎮及社區層級的行動則可以去除 31%，在城市和州層級的行動可以去除 33%。這是對氣候變遷否認者的強力反駁，他們認為應該由個人而非公司或政府對應對氣候變遷負責。將責任歸咎於個人，讓氣候變遷否認者可以繼續支持化石燃料產業，因為他們認為這只是為了滿足市場需求。個人及家庭的行動的確很重要，因為這能讓政府和企業明白，人們認真對待採取行動以對抗氣候變遷，但這並不是解決的辦法。從社區到國家層級共同執行的氣候變遷解決辦法才是最有效的。這些所有的解決方案都是雙贏，總體效益（省下的錢減去成本）可能超過 46 兆美元。

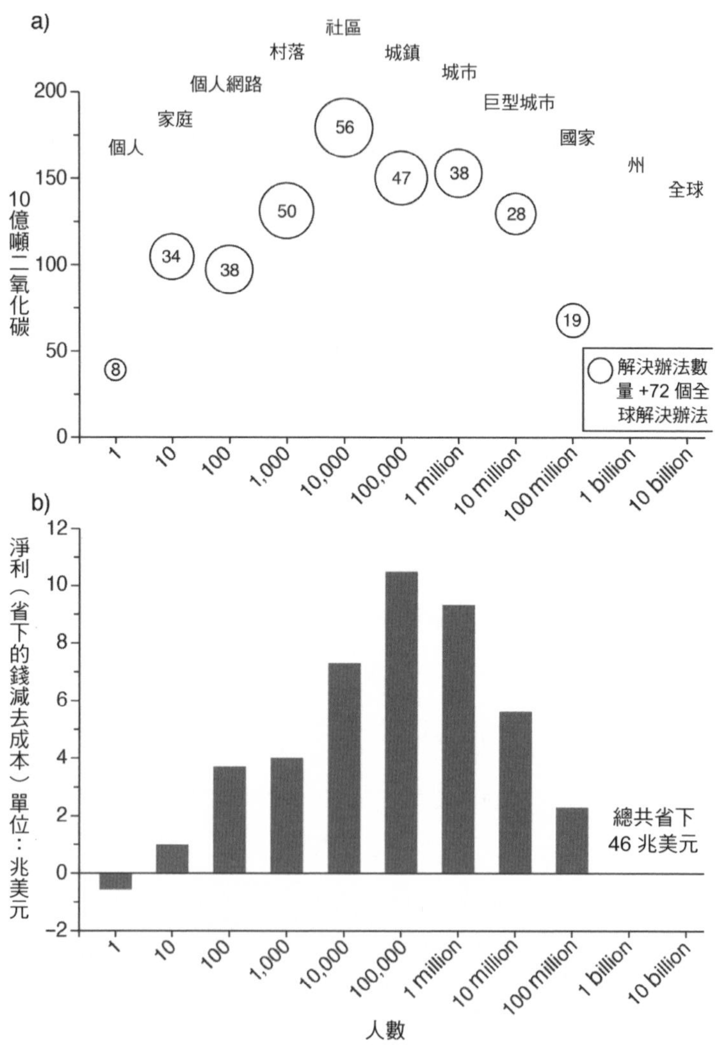

圖 41 從個人到全球模規的可能氣候變遷解決方法。

政府、企業及公民社會

要實現有效的碳排放量減少，需要政府（包括地方和全國）、企業和公民社會一起合作，也需要個人改變行為，加以支持和鼓勵這種合作。

政府透過法治和政策制定來控制公民社會的抱負，顯然也可以利用獎勵、補助、稅收及監管來讓社會更永續並達到碳中和。政府也是創新的主要驅動力，透過投資大學研究、資助工業研發及提供獎勵措施來推動需求。政府可以促進從化石燃料快速轉換成再生能源，確保建築物達到碳中和，鼓勵大面積的森林再造與重新野化，推廣低排放農業和以植物為主的飲食，並且支持社會中最貧困的人，協助培養調適力，以應對氣候變遷可能帶來的影響。

全球前 100 大公司每年營收超過 15 兆美元，從許多方面來說，企業控制著我們的生活，影響著我們吃什麼、買什麼、觀看什麼甚至包括投票對象。許多企業已經在進行改變，採用以科學為基礎的目標，以在二〇五〇年實現淨零碳排放。如果企業和產業想在二十一世紀保持切題、受人信賴，就必須改變與環境和社會的關係。典型的線性經濟模式「開採、製造、丟棄」，依賴大量廉價、容易取得的材料和能源，而我們正在逼近這種模式的實際極限。新的包容經濟正在浮現，彰顯出拋棄式企業文化的根本問題。如果企業想成為氣候變遷解決方法的一部分，循環經濟（circular economy）有其必要。循環經濟透過再利用及回收，讓取用的資源量減到最小，並最大化產品及材料在其生命週期的價值。應用循環經濟可替歐洲經濟創造高達 1.8 兆歐元的價值，因此企業需要規畫及製造具有耐久性、可升級性和可回收利用的產品，他們的設計必須減少浪費和污染的產生。

雖然個人行動對於減碳的貢獻很少，但是卻非常重要，因為這能向政府和企業傳達強烈的訊息，表明公民希望並支持重大變革。個人行動已經產生了影響，氣候大罷課（School Strikes for Climate）和「反抗滅絕」行動把世界各地不同的群體聚集在一起，大家都希望政府認真看待保護地球一事。改變已經開始發生，超過 1,400 個地方政府和 35 個國家，都已宣布進入氣候緊急狀態。不過我們也必須記住，並非人人對當前的氣候危機都有同等的責任：50% 與生活型態直接相關的碳排放，來自於全球最富裕的 10% 人口（圖 42）；全球社會中最貧困的 50% 人口只排放了 10% 的污染物。社會中最富裕者所採取的個人行動，對於全球碳排放可能產生重大影響。

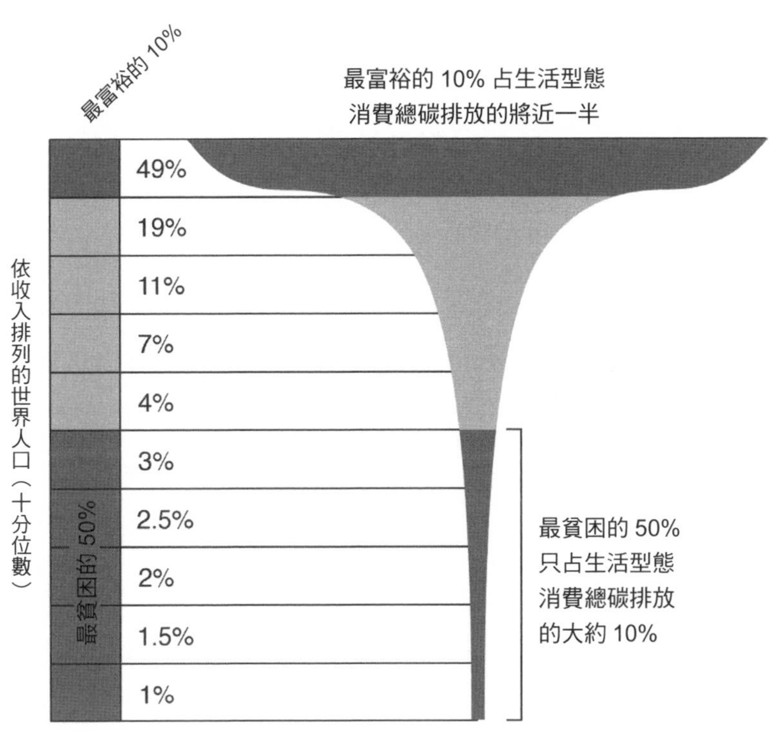

圖 42　全球生活型態的碳排放量（依收入群分配）。

國際機構

為了支持、鼓勵並在必要時強制執行這些正面的改變，我們需要應對二十一世紀挑戰的國際組織。許多機構像是聯合國、世界銀行及國際貨幣基金組織，都是在第二次世界大戰之後成立的，其他機構像是經濟合作暨發展組織（OECD）和石油輸出國組織（OPEC），則是於一九六〇年代初期成立。這些國際機構必須代表世界上的每個人，並確保公平和公正的治理。我們可以重新設計世界銀行和國際貨幣基金組織，好讓這兩個機構著重在發展綠色永續經濟、支持淨零排放目標及減緩貧困，以永續發展目標做為所有決策的核心。世界貿易組織當前的目標是要確保貿易流量儘可能保持平穩、可預測且不受限制，不過鼓勵貿易和消費，卻使得全球減少碳排放更加困難，可能不利於有意義的當地、全國及國際環保法規。也許世界貿易組織可以轉型成世界永續組織（World Sustainability Organization, WSO），其首要目標可以是支持並協助依賴化石燃料出口的國家重整經濟。

還有個快速又簡便的改變方式是升級聯合國環境署，因為這個單位在聯合國體系裡位居次要地位，低於貿易、衛生、勞工乃至於海事、智慧財產及旅遊。聯合國環境署的預算很少，不到世界衛生組織預算的四分之一，不到聯合國世界糧食計畫署的十分之一，儘管這個單位對健康和糧食安全都很重要。如果把聯合國環境署升級為聯合國世界環境組織（World Environment Organization, WEO），給予至少跟世界衛生組織相同的預算，這個單位就能負責監督永續發展目標、生物多樣性公約及氣候變遷公約，以確保它們之間能夠相互補強而非相互對立，進而維持三贏的解決方案。

結語

氣候變遷是少數讓我們檢視現代社會整體基礎的科學領域之一，這個主題讓政治家爭論、讓國家相互對立、讓人質疑企業在社會中的角色以及讓人探究個人生活方式選擇，最終去提問人類與地球其他生物之間的關係。唯有通力合作，我們才能應付人類面臨的最大危機之一。幾乎可以肯定的是，氣候變遷會在本世紀加速，我們的最佳估計顯示，到了二十一世紀末之時，全球平均地面溫度將會上升攝氏 2.1 度到 5.5 度。預測到了二一〇〇年時，海平面將會上升 50 到

130 公分，天氣型態也會發生重大變化，並會有更多的極端天氣事件。世界領袖承諾要將氣候變遷控制在攝氏 2 度以下，如果可能的話，甚至要在攝氏 1.5 度以下。本書已經證明，我們擁有的科學知識足以了解氣候變遷的成因、後果及可能的解決方法。我們擁有能夠應對氣候變遷的技術、資源和資金，目前缺乏的是政治意願和政策，去實現所有必要的正面雙贏解決方案，為創造更好、更安全、更健康、但願也更幸福的世界鋪路。隨著大家對地球面臨的環境危機意識日益增強，要求改變的輿論壓力也增加了，新的政策和新思維方式也開始出現。問題是這些改變是否足夠及時，才能二〇五〇年之前實現全球淨零碳排放（圖 43）。

圖 43 《今日美國報》（*USA Today*）的哥本哈根氣候會議漫畫。（© Joel Pitt.）

致謝

我想感謝下列人士：Johanna、Alexandra、Abbie，我們一起熬過了封城外出限制，讓我順利寫出第四版。Miles Irving 的插圖超棒、牛津大學出版社的編輯 Jenny Nugee 和 Latha Menon、倫敦大學學院的優秀員工、Sopra Steria 公司、Sheep Included 公司、The Conversation 新聞網站、Rezatec 公司。Richard Betts、Mark Brandon、Andrew Shepherd、Eric Wolff 以及其他審查人員，為本書不同的版本提供洞見以及非常有助益的評論。

還有我所有出色又敬業的同事，領域涵蓋氣候學、古氣候學、地質學、地理學、社會科學、經濟學、醫學、工程學、人文學科及藝術，他們持續努力去了解、預測和減緩我們對地球氣候的影響。

延伸閱讀

氣候變遷歷史

Corfee-Morlot, J., et al. Climate science in the public sphere, *Philosophical Transactions A of the Royal Society*, 365/1860 (2007): 2741–76.

Leggett, J.K. *The Winning of the Carbon War: Power and Politics on the Front Lines of Climate and Clean Energy* (Crux Publishing, 2018).

Lewis, S.L. and M.A. Maslin *The Human Planet: How Humans Caused the Anthropocene* (Penguin and Yale University Press, 2018).

Mann, M. *The New Climate War: The Fight to Take Back Our Planet* (PublicAffairs, 2021).

Oreskes, N. and M. Conway *Merchants of Doubt: How a Handful of Scientists Obscured the Truth on Issues from Tobacco Smoke to Global Warming* (Bloomsbury, 2012).

Ruddiman, W.F. *Plows, Plagues, and Petroleum: How Humans Took Control of Climate* (Princeton Science Library, 2016)

Weart, S.R. *The Discovery of Global Warming, New Histories of Science, Technology, and Medicine* (Harvard University Press, 2008).

科學

Archer, D. *Global Warming: Understanding the Forecast*, 2nd edn (John Wiley & Sons, 2011).

Dessler, A.E. *The Science and Politics of Global Climate Change: A Guide to the Debate*, 3rd edn (Cambridge University Press, 2019).

Emanuel, K. *What We Know about Climate Change*, updated edn (The MIT Press, 2018).

Houghton, J.T. *Global Warming: The Complete Briefing*, 5th edn (Cambridge University Press, 2015).

IPCC, Climate Change 2021—The Physical Science Basis Contribution of Working Group I to the Sixth Assessment Report of the Intergovernmental Panel on Climate Change (2021).

Lenton, T. *Earth System Science: A Very Short Introduction* (OUP, 2016).

Maslin, M. The five corrupt pillars of climate change denial (The Conversation, 2019). https://theconversation.com/the-five-corrupt-pillars-of-climate-change-denial-122893

Maslin, M. Five climate change science misconceptions—debunked (The Conversation, 2019). https://theconversation.com/five-climate-change-science-misconceptions-debunked-122570

Maslin, M.A. and S. Randalls (eds) *Routledge Major Work Collection: Future Climate Change: Critical Concepts in the Environment* (4 volumes containing reproductions of eighty-five of the most important papers published on climate change) (Routledge, 2012).

National Climate Assessment. Volume I: Climate Science Special Report (2018). https://science2017.globalchange.gov/

Romm, J. *Climate Change: What Everyone Needs to Know* (OUP, 2018).

衝擊

Costello, A., et al. Managing the health effects of climate change, *The Lancet*, 373 (2009): 1693–733.

Garcia R.A., et al. Multiple dimensions of climate change and their implications for biodiversity, *Science*, 344 (2014): 486–96.

IPCC, Climate Change 2021—Impacts, Adaptation, and Vulnerability, Contribution of Working Group II to the Sixth Assessment Report of the Intergovernmental Panel on Climate Change

National Climate Assessment. Volume II: Impacts, Risks, and Adaptation in the United States (2018) https://nca2018.globalchange.gov/

Stern, N. *The Economics of Climate Change: The Stern Review* (Cambridge University Press, 2007).

Watts, N., et al., The 2020 Report of The Lancet Countdown on Health and Climate Change (The Lancet, 2020).

政策及政府

Figueres, C. and T. Rivett-Carnac. *The Future We Choose: Surviving the Climate Crisis* (Manilla Press, 2020).

Giddens, A. *The Politics of Climate Change*, 2nd edn (Polity Press, 2011).

Grubb, M. *Planetary Economics: Energy, Climate Change and the Three Domains of Sustainable Development* (Routledge, 2014).

Gupta, J. *The History of Global Climate Governance* (Cambridge University Press, 2014).

IPCC, Climate Change 2022—Mitigation of Climate Change, Contribution of Working Group III to the Sixth Assessment Report of the Intergovernmental Panel on Climate Change.

Klein, N. *On Fire: The Burning Case for a Green New Deal* (Allen Lane, 2019).

Labatt S. and R.R. White *Carbon Finance* (Wiley, 2007).

Metcalf, G.E. *Paying for Pollution: Why a Carbon Tax is Good for America* (OUP, 2019).

Meyer, A. *Contraction and Convergence: The Global Solution to Climate Change* (Green Books, 2015).

Oxfam, Policy Paper—Confronting Carbon Inequality: Putting climate justice at the heart of the COVID-19 recovery (Oxfam, 2020). https://oxfamilibrary.openrepository.com/bitstream/handle/10546/621052/mb-confronting-carbon-inequality-210920-en.pdf

Thunberg, G. *No One Is Too Small to Make a Difference*, paperback (Penguin, 2019).

解決方案

Buck, H.J. *After Geoengineering: Climate Tragedy, Repair, and Restoration* (Verso, 2019).

Centre for Alternative Technology (CAT), *Zero Carbon Britain: Rising to the Climate Emergency* (CAT Publications, 2019). https://www.cat.org.uk/new-report-zero-carbon-britain-rising-to-the-climate-emergency/

Cole, L. *Who Cares Wins: Reason for Optimism in Our Changing World* (Penguin, 2020).

Georgeson, L., M. Poessinouw, and M. Maslin *Assessing the Definition and Measurement of the Global Green Economy* (Geo: Geography and Environment, 2017). doi: 10.1002/geo2.36

Goodall, C. *What We Need to Do Now: For a Zero Carbon Future* (Profile Books, 2020).

Hawken, P. *Drawdown: The Most Comprehensive Plan Ever Proposed to Reverse Global Warming* (Penguin, 2018).

Helm, D. *Net Zero: How We Stop Causing Climate Change* (William Collins, 2020).

IPCC, Climate Change 2021—Impacts, Adaptation, and Vulnerability, Contribution of Working Group II to the Sixth Assessment Report of the Intergovernmental Panel on Climate Change.

Jackson, T. *Prosperity without Growth: Economics for a Finite Planet* (Routledge, 2016).

Maslin, M. Stabilising the global population is not a solution to the climate emergency (The Conversation, 2019). https://theconversation.com/stabilising-the-global-population-is-not-a-solution-to-the-climate-emergency-but-we-should-do-it-anyway-126446

Morton, O. *The Planet Remade: How Geoengineering Could Change the World* (Granta, 2016).

Roaf, S., et al. *Adapting Building and Cities for Climate Change* (Routledge, 2009).

Royal Society, Geoengineering the climate: Science, governance and uncertainty: The Royal Society Science Policy Centre Report, *The Royal Society*, 10/09 (2009): 81.

一般閱讀

Berners-Lee, M. *There Is No Planet B: A Handbook for the Make or Break Years* (Cambridge University Press, 2019).

Flannery, T. *Atmosphere of Hope: Solutions to the Climate Crisis* (Penguin, 2015).

Hayhoe, K. *The Answer to Climate Change: And Why We Can Have Hope* (Atria/One Signal Publishers, 2021).

Lynas, M. *Our Final Warning: Six Degrees of Climate Emergency* (Fourth Estate, 2020).

Mazzucato, M. *The Value of Everything: Making and Taking in the Global Economy* (Penguin 2019).

Raworth, K. *Doughnut Economics: Seven Ways to Think Like a 21st-Century Economist* (Random House, 2017).

Royal Society, People and the planet, The Royal Society Science Policy Centre Report, *The Royal Society*, 01/12 (2012): 81.

Sachs, J. *The Ages of Globalization* (Columbia University Press, 2020).

Wallace-Wells, D. *The Uninhabitable Earth: A Story of the Future* (Penguin, 2019).

國家圖書館出版品預行編目(CIP)資料

氣候變遷：亟待解決的人類共同問題／馬克．馬斯林（Mark Maslin）著；趙睿音譯．-- 初版．-- 臺北市：日出出版：大雁文化事業股份有限公司發行，，2023.05
面；公分

譯自：Climate Change: A Very Short Introduction, 4th ed.

ISBN 978-626-7261-45-3（平裝）

1. 氣候變遷　2. 地球暖化　3. 溫室效應

328.8018　　112006248

氣候變遷：亟待解決的人類共同問題

Climate Change: A Very Short Introduction, 4th Edition

作　　者　馬克．馬斯林 Mark Maslin
譯　　者　趙睿音
責任編輯　王辰元
封面設計　萬勝安
內頁排版　藍天圖物宣字社
發 行 人　蘇拾平
總 編 輯　蘇拾平
副總編輯　王辰元
資深主編　夏于翔
主　　編　李明瑾
業　　務　王綬晨、邱紹溢
行　　銷　廖倚萱
出　　版　日出出版
　　　　　地址：台北市復興北路 333 號 11 樓之 4
　　　　　電話（02）27182001　傳真：（02）27181258
發　　行　大雁文化事業股份有限公司
　　　　　地址：台北市復興北路 333 號 11 樓之 4
　　　　　電話（02）27182001　傳真：（02）27181258
　　　　　讀者服務信箱 andbooks@andbooks.com.tw
　　　　　劃撥帳號：19983379 戶名：大雁文化事業股份有限公司

初版一刷　2023 年 5 月
定　　價　380 元

ISBN 978-626-7261-45-3